美食美器宜帮菜

主编　王忠东

中国商业出版社

图书在版编目（CIP）数据

美食美器宜帮菜 / 王忠东主编. — 北京：中国商业出版社，
2016.10

ISBN 978-7-5044-9588-4

Ⅰ. ①美… Ⅱ. ①王… Ⅲ. ①饮食－文化－宜兴
Ⅳ. ①TS971.205.34

中国版本图书馆CIP数据核字(2016)第231210号

责任编辑：唐伟荣
装帧设计：松楼工作室

中国商业出版社出版发行

010-63180647　　www.c-cbook.com

（100053　北京广安门内报国寺1号）

新华书店总店北京发行所经销

无锡沪光精美印刷有限公司印刷

＊

787×1092毫米　　1/16　　22印张　　180千字

2016年10月第1版　　2016年10月第1次印刷

定价：138.00元

＊　　＊　　＊　　＊

（如有印装质量问题可更换）

编委会

序

　　翻阅古代文献，查检人文资料，博览旅游资源，镶嵌在太湖西岸的历史文化名城——宜兴，确是一个与众不同的地方。这里有美的山水、好的食材、鲜的美味、雅的餐具，更有数不清的历史人文资源。

　　一个地区的文化与饮食离不开当地的自然条件和人文环境，太湖之滨吴越文化孕育的宜兴大地，依山临湖，气候宜人，物产丰饶，四季蔬菜不断，自然条件优越，是一个山美、水美、器美、菜更美的旅游胜地，更是美食美器汇集的"吃的天堂"。

　　中华民族的饮食文化是一个整体，它是由许多各具特色的地区美食与美器文化所组成和融汇而成的。了解一个地区或某一城市的文化，走访当地市场、品尝当地美食最直截了当。旅游活动的开展，除了旅游吸引物之外，向游客提供最基本的服务，即食、住、行、游、购、娱六大要素，"食"始终排在第一位，由此可见饮食在旅游中的重要地位。

　　近几年来，宜兴市政府从旅游策划、美食开发的角度出发，利用本地的文化特色，结合本地餐饮文化风格，挖掘地方的餐饮主题，营造地区文化旅游大餐，每年推出一系列的活动打造城市文化的新形象。如旅游文化节、美食文化节、健康素食的推广、宜帮菜烹饪技能大赛等以推动旅游文化的发展，吸引着众多的中外游人，既开发了新产品，又创立了地区的餐饮品牌，还让更多的旅游者有选择地方美食的机会，具有一举多得的效果。

　　根据旅游的社会性、普及性和综合性的特点，旅游已集观赏旅游、品尝风味、了解风情等多种内容为一体。本地美食产品既是土生土长、独具地方特色的物质产品，也是每个区域独特的文化标识，是旅游活动中最吸引人眼球的一项必不可少的内容。

　　宜兴地方美食的开发符合三大基础：食材好，名厨多，调味佳。宜兴有银鱼、白虾、溪蟹等多种湖鲜，更有板栗、百合、竹笋等众多特产，这些原生态的食材被南来北往的客人所熟知所钟爱。这里名厨众多，烹调技师自古有名，形成了许多江南名菜名点，烹制的菜品色调雅淡、四季有别，调味注重清鲜，讲究浓而不腻，淡而不薄，清爽利口。食材、技艺、调味诸方面的和谐统一，再加上食器的完美结合，形成了宜兴饮食文化的个性特色。

本书的策划以当地的特色食材为元素，利用本地区烹饪技术文化，广泛收集本地的乡土特产、名菜名点以及流落在民间的菜肴、点心、小吃食品，将其收集、整理，运用第一手资料，然后进行取舍和改良创新。它集宜兴各大酒店名师名厨的拿手菜、特色菜、品牌菜为一体，既有专家学者对宜帮菜的理论阐述，也有国内权威烹饪大师对宜帮菜的感悟和认知；既有宜帮菜特色原材料的介绍，也有近年来许多烹饪大师参加各类大赛的获奖作品等。这是一本较有特色的地区美食文化与名特菜品的荟萃之作，值得广大同行仔细品味。

近些年来，全国各地方政府、协会编撰的烹饪书籍不在少数，图文并茂，制作华丽，但大多是菜谱类，能够便于广大厨师同行学习与制作，但总感觉缺少一些文化性。地域的美食文化应该让人们了解到该地区菜品的创制、食材的选配、调味的要求、器具的选用等相关知识内容，那样就更具有传播性和收藏性。而《美食美器宜帮菜》一书正是集聚当地食材、美食美器、地方风物、菜品特色、名店名厨等内容，让人们能够全面了解宜帮菜饮食文化的精髓以及它的形成、特色、制作等诸多方面内容，既生动地传播宜帮菜独特的饮食文化知识，又能促进当地的旅游发展、提高和丰富广大读者的地方民族情愫和生活情趣，这确是本书编委会强化地区社会责任的可贵追求。

邵万宽

2016年9月于南京

（作者系南京旅游职业学院烹饪工艺与营养学院院长）

目录

陆 美食篇

经典菜

传统菜

创新菜

宜兴名点

附：媒体报道

后记

美食美器宜帮菜

壹

论述篇

专家学者论道

宜帮风味话源流

邹高中

餐饮文化是一种饮食习惯和文化传统，它是一个国家和民族在长期历史发展过程中逐渐形成和传承下来的。宜兴濒临太湖，物产丰饶，是著名的江南"鱼米之乡"。宜兴的餐饮文化源远流长，既反映了宜兴人饮食活动过程中的饮食品质、审美体验、情感活动，也是社会功能等诸多方面的独特文化意蕴的体现。宜兴餐饮在

自身固有的特色基础上，历来都讲究创新和融合，把振兴和发展宜兴餐饮活动，作为推动商业、旅游和文化相结合的一个有效措施。宜兴可谓口福之乡，长期以来宜兴餐饮形成了"土产多、菜肴鲜、味道佳、餐具古"的特色，在餐饮市场有着较大的知名度和影响力。

据宜兴考古挖掘，在距今6000至7000年前的西溪遗址、骆驼墩遗址，就发掘出了陶器三足鼎、筒形釜，还有古拙可爱的陶猪、陶笋以及雕刻生动的小鱼。而陶器三足鼎、筒形釜都是烹煮肉食的器具。由此可见，距今6000至7000年之前，宜兴的先民就知道饮食的烹调了。

据查，到了唐朝，宜兴就有酒楼了。唐著名诗人杜牧，曾来宜兴小住，"筑水榭于荆溪之滨"。荆溪是宜兴的古称。他写茶山就留下三首诗，其中《茶山下题草市》一诗云："倚溪侵岭多高树，夸酒书旗有小楼。惊起鸳鸯岂无恨，一双飞去却回头。""夸酒书旗"大概就是指"闻酒三家醉，开坛十里香"之类的市招，可见起码在唐朝，宜兴街头就有酒楼了。

北宋大文豪苏东坡，晚年"买田阳羡吾将老，从初只为溪山好"。他十分讲究饮茶文化。有苏东坡饮茶三绝的记载：茶壶，一定要是紫砂提梁壶；茶叶，一定要是阳羡唐贡茶；水，一定要是金沙泉水。可见他是阳羡茶文化的开拓者。大概是文人都需要补脑的缘故，他很喜欢吃红烧肉，后来人们就据此开发出了一道"东坡肉"的名菜来。

到了清代，随着生产力的发展，宜兴餐饮文化又上了一个台阶。当时，鸭饺这道美味就在宜兴风靡起来。据说，鸭饺的首创者，是清初宜兴词派领袖陈维崧。陈维崧，字其年，号迦陵，宜兴高塍人。他出生于明开启五年（1625），卒于康熙二十一年（1682）。他才气横溢，家门鼎盛时，常高朋满座。有一次，他忽然想试用清蒸法制作鸭肉。即取鸭的脯及小腿肉，先切成块，用碗装盛，放入蒸笼里清蒸，结果鸭肉酥烂，鸭油香飘其上，味鲜而不腻。从此，鸭饺得以推广。

　　至清末，宜兴街头饭店餐饮就多起来了，其中有两家颇具影响的饭菜馆。其一为王复茂菜馆，开业于清光绪二十四年（1898），店主王硕旺，饭店桌数过百，以整鸭席、扣鸭席、鱼翅席、鸭饺面闻名全城。据传说饭店还开发了一味"三元荷包蛋"。所谓三元荷包蛋，就是将鸽蛋包在鸡蛋里，鸡蛋又包在鹅蛋里，用文火素油煎出香味，再撒上作料而成。另一家是丁山王合兴熏炙店，创建于光绪三十年（1904），老板王亮大。他供应的熏炙菜肴随季节的变换而翻新：春季主要供应芥末白斩鸡、熏鱼、白肚、肘子肉，以及各种野味；夏季供应爽口不腻的酱鸭、糟鱼、兰花豆腐干；中秋开始就制作香、嫩、鲜的糟鸭、暴腌板鸭；入冬后制作熏腊野禽，清炖鸭饺、羊饺等。

　　清末还有两家酱园、一家南货店值得一记：一是张渚的"大牲酱园"。它创办于同治三年（1864），设有酱坊、糟坊、砻坊、磨坊。他们生产的酱油、酱菜，用料上乘，制作精细，成为宜兴名特优产品之一。另一家是和桥的梅永和酱园，创办于清同治初年，老板是安徽人梅礼卿，他制作的豆腐干，别具一格。他将方形豆腐干做成银元大小的圆形，厚薄均匀，刻有麻花状花纹，并有"梅永和号"四字。上榨高压，坚韧而少水，不易破碎，称为"梅永和老油豆腐干"，俗称"和桥豆腐干"。曾作贡品，得到慈禧太后赞许而名盛一时。还有一家徐舍的裕和泰南货店，据传早在清同治六年（1867）该店生产的小酥糖的美名就传到皇宫，遂派专使前来采购，被宫廷列为"贡点"，载淳皇帝十分喜爱，从此蜚声全国。从民国到新中国成立前，宜兴有饭菜馆、小吃店、生面店300余家，由于战乱频仍，餐饮店大多惨淡经营。

新中国成立后，特别是改革开放以来，宜兴餐饮界发展突飞猛进。目前宜兴餐饮业中桌数达五桌以上的饭店就有1600余家，从业人员近15000名。20世纪90年代中期开始，市旅游园林局、宜兴市烹饪学会经常举行全市烹饪比赛，挖掘、继承和发扬优秀的宜兴特色传统菜肴制作技艺。2000年以来多次举办了规模宏大的烹饪比赛，确定了一批宜兴特色菜肴，如绿茶虾仁、香酥黄雀、醋溜盘龙痴虎、生炒蝴蝶鳝片、生爆仔鸡、椒盐鳝背、汽锅大栗排骨、白果百合羹等等。涌现了一批烹饪名师，陈达勤、宗继锋、周敏杰、孙建良被评为江苏省烹饪大师，王胜、陈飞被评为江苏省名师，周敏杰、卢华堂、史立明、陈达勤被评为江苏省烹饪技师，叶祖仁、周雪峰、周晓国、张路、刘建峰分别被评为无锡市太湖烹饪大师、名师。宜兴市陶都大饭店、宜兴大酒店、宜兴市新贝斯特国际大酒店、宜兴国际饭店被评为江苏省餐饮名店。

　　特别需要强调的是改革开放以来，随着人们生活水平、艺术欣赏水平的提高，各种文化元素加速向餐饮业渗透与融合。餐桌上，不仅讲究食物色香味形俱全，而且引入了插花、雕塑等技艺，使餐桌上的陈设更富艺术性、观赏性。为了提高餐饮文化的艺术品位，许多烹饪大师都将诗、书、画、陶瓷等各种珍贵的文学艺术品引上餐桌。陶都人还将集诗书画于一体的紫砂壶、紫砂汽锅、仿青铜紫砂酒具等陶文化艺术品引入餐饮业。人们在品尝特色佳肴的同时，也品评着种种文化大餐，将宜兴特色餐饮文化推向了一个更新的高度。

昕宏源沙皮肉

二

　　漫话宜兴餐饮文化，名人与宜兴美味也是其中的一个重要组成部分。

雁来蕈。时序入秋，金风送爽，大雁南飞，此时每当雨后，山间松林的草丛中，就会长出一丛丛褐色小伞状的蕈子，这便是"雁来蕈"。采摘煮熟，不仅带有松针清香，而且鲜美无比。如用上等酱油浸渍，可久藏不坏，为佐餐佳肴。北宋大文豪苏东坡晚年卜居宜兴时，嗜食"雁来蕈"，一再说"绝佳"。民间有"此物当推天下第一美味"之称。

黄雀。香港大公报、上海文汇报总编徐铸成，也是一名著名美食家。家乡的黄雀、雁来蕈、豆腐花是他的最爱。黄雀因羽黄而得名，常食稻谷，成群飞来，晚间栖息在湖边芦苇丛中。秋收时节，黄雀正肥，深夜驾小舟穿百袋衣进入芦苇丛中，轻手轻脚用手来捏，必须将其捏毙放入袋中，否则如有一雀鸣叫，余雀就会全部飞去。拿来黄雀，去内脏，塞之猪肉末，或清炖、或红烧，香味扑鼻。

鸭饺。鸭饺是广受欢迎的宜兴美味之一。1924年12月初，郭沫若先生到宜兴调查江浙战祸（即军阀齐燮元与卢永祥之战），品尝了宜兴鸭饺。席间，郭沫若大为褒奖，并再三细问其制作方法。

笋烧鱼。据廖静文著《徐悲鸿一生》一书记载：一次她发现徐悲鸿吃完鱼后，骨架仍像整条鱼那样，十分惊奇。悲鸿说："我生在太湖之滨，从小就爱吃鱼。"悲鸿长年远离家乡，但经常念叨家乡的毛笋如何鲜美，他最爱吃笋烧鱼，称这是"天下第一菜"。

三

一个县级市，何以形成独具特色的餐饮文化？我们认为，原因大致有三，即独特的自然资源、人文资源以及区域优势。

独特的自然资源

据宜兴县志载："全县有名山一百三十六、溪河二十四、荡漾十七、溪潭十、渎七十二、大湖五（太湖、漏湖、洮湖、东氿和西氿）。"宜兴东临太湖，风帆点点，波涛万顷；南面是丘陵山区，叠嶂如云，山秀林密；北面是太湖平原，湖泊荡漾，港湾河渎，沃野连片。这里雨量充沛，四季分明，真乃锦绣江南，鱼米之乡。溪山如画，必然物华天宝。各种水产品、畜禽产品，丰富多彩，样样俱备。山里有"三珍"：笋、栗、蕈。太湖有"三白"：银鱼、白鱼、白虾；漏湖有"三鲜"：黄雀、野鸭、獐鸡。太湖边的渎上，沙土松湿，是有名的"夜潮地"，特宜菜蔬，所产百合、生姜、芋头、萝卜、冬瓜、乌塌菜、雪里蕻等等，都特别鲜嫩。其中百合又称"太湖之参"。还有漏湖螃蟹、横山鲢鱼头、万石芹菜、宜兴毛笋、张渚白果、张渚土鸡、芳庄羊肉、高塍猪婆肉、官林老鸭、和桥豆腐干、徐舍小酥糖、张渚酱菜等等，都是有较高知名度的宜兴土特产品。正是这些丰富的、独特的自然资源，为开创具有宜兴特色的餐饮文化，提供了坚实的物质基础。

独特的人文资源

宜兴人民，历来崇尚"耕读传家"，再苦再穷也要想尽办法供孩子们读书，因此人文荟萃，是全国闻名的"教授之乡"。整体来说，宜兴人的文化素质比较高，因此他们容易接受新事物，研究新问题，开创新局面。正因为如此，宜兴涌现出一批创新宜兴特色餐饮文化的人才。宜兴市烹饪学会、市旅游园林局审时度势，坚持每年举办一次全市传统创新菜肴烹饪比赛，把宜兴特色餐饮文化不断推向前进。

独特的区域优势

宜兴是江苏省最南端的一个城市，它与浙江省、安徽省相邻。就菜系而言，宜兴属淮扬菜系，逐步地受浙江菜系、安徽菜系，特别是苏锡菜肴的影响，消化、吸收、融合、开拓、创新，因此，宜兴特色菜系兼容了淮扬菜、浙江菜、安徽菜、苏锡菜等菜系的精华。吸收了它们的选料严谨、制作精致、色泽光润、原汁原味、讲究造型的传统做法，同时也根据宜兴食客的口味作了改进。宜兴菜肴口味不似苏锡菜偏甜，而是咸甜适中；色不似安徽菜那样偏浓、浙江菜那样偏淡，而是浓淡相宜，浓而不腻，淡而不薄。

2010年6月

（作者系原《宜兴日报》副总编）

饮食文化中的宜兴美器

史俊棠

民以食为天。人类社会在漫长进化的历程中，饮食为每人每天生存之必需。作为古老悠久的中华传统中的饮食文化，发展至今，又随着国民物质文化生活水平的不断提高，美食配美器，相得益彰。从古到今，陶都因为创造了宜帮菜所需的品种多样的宜兴美器而扬名，为当今餐饮和旅游打造了"宜兴味道"和"宜兴标志"。

宜兴是陶的古都，七千年的制陶史，传承的是陶瓷艺术和文化，创造的是与人们密不可分的生活用器，其中，饮食器皿占有相当比重，菜品与佳器，如影随形，日趋精湛多样，日益融于生活习俗和思想观念中。"形而上者谓之道，形而下者谓之器。道者，器之体；器者，道之用。"从饮食文化发展的角度看，古人之言也许早就潜移默化地被后人所接受，并运用到宜兴美器的设计创作之中。

中国地大物博，人口众多，因地域和食材选择的差异，饮食口味不尽相同，著名的菜帮分类有京、粤、苏、川、扬、沪以及清真等风味。宜兴与苏、锡帮较为接近，且自成菜肴品种特色，这点，在中国文联出版社近年出版的《至味宜兴》一书中，本土作家们都曾详细作过介绍。宜兴或许占有生产陶瓷的先天优势，随着物质生活的改善和提高，日用陶瓷类产品不断向艺术化方向发展，其中相当部分进入餐饮行业，如上世纪60年代后，誉称陶都"五朵金花"中的紫砂、精陶、青瓷、彩陶等门类，无一不与饮食文化结缘融合，也自然地走上了广大平民百姓的餐桌。

说到宜兴美器，砂锅类是最早享有盛名的菜肴用器，清朝至民国年间，宜兴锅罐类品种销量长盛不衰，成为家庭厨房之必备。民国年间，由宜兴蜀山人士周润身和周幽东父子合著、宜兴陶器参加芝加哥博

览会筹备委员会编辑，1932年出版的《宜兴陶器概要》一书中，曾对宜兴陶器锅罐类产品推崇备至，其中在"宜兴陶器在应用上之特点"一节中云："菜社与酒家如无陶罐专席不得称为美备；精究庖厨者不以陶罐煨燉可谓未尝真味；不以紫砂陶壶品茗虽有甘泉其淳难极致。"又云："以陶罐燉食品，其味特别醇美，是一般铅铁铝磁等锅罐所迥不能致。故考究调味者，靡不购用。颇多菜社酒家，亦以陶罐

◎ 人民大会堂国宴中的部分宜兴器皿
照片由人民大会堂周继祥提供

为专席。"其实，早期宜兴砂锅类产品有容量不等的大中小号分类，在龙窑中是作为套在中、小缸类里壁的"白货"产品，胎体选用富含砂性的南山白泥，全手工制坯，烧成后较紫砂泥的透气性要好，锅的造型呈口敞、凸肚、底拱形，口沿为扁圆圈抓手，不施釉，内壁施金黄釉或嫩红釉，以防渗漏，锅盖圆拱形并施以一圈红釉，顶端为圆耳形凸起抓手，用来煲汤、煨肉、煮粥等不失原味，十分受用。这类砂锅一直成为宜兴的紧俏产品。另外一种用紫砂泥制作的汽锅，最早在1954年由宜兴紫砂工场烧制，开始注重形制装饰，表面铭刻书画，辅以色泥点染，并在锅体两侧饰狮头形耳，锅底部中心位置设有向上排汽管，让隔层沸水蒸气由管孔进入盖内直接作用于煨燉食品，香味更佳，美观实用，雅俗共赏。上世纪80年代后，宜兴合新陶瓷厂、宜兴紫砂工艺二厂以及三厂、四厂、五厂先后生产紫砂汽锅，以适应烹饪业发展之需。

　　宜兴的砂锅生产从上世纪60年代开始，逐步向日用陶瓷艺术化方向迈进，在十多家日用陶生产企业中，砂锅在材质、釉料、装饰等方面越来越多样化，可以说美轮美奂。其中如宜兴彩陶工艺厂研制的耐热不炸裂的彩陶砂锅，几经创新发展，砂锅的身筒口沿设计出对称的平面抓手，盖面用彩釉画花作写意装饰，图案有花卉、鱼鸟等。80年代后期起，为适应日本市场需求，开发了以锂辉石为材质的"三岛砂锅"，并形成了1至7号系列，盖面与锅身阴刻菊花图案，外观施以锂辉釉，呈淡雅灰绿色，另配有炊饭锅、调味罐、调味壶、把碗、三联调味碟。与烹饪相关的其它彩釉品种像烤炉、咖啡釉胖肚梅罐、深色釉胖肚梅罐、直型大梅罐、烧太郎等特色品种，也成为日本市场的新宠。国内著名旅游景区如溧阳天目湖、浙江千岛湖景区一批宾馆、饭店、度假区，也长期定制圆形和椭圆形的彩陶砂锅，用来煨燉"砂锅鱼头"这一特色招牌菜品。

　　宜兴美器中的成套餐具，以造型的适用性、装饰的艺术性以及材质的独特性，在饮食文化中亮丽出彩，别具一格。追溯历史，2014年由上海三联书店出版的《紫砂巨匠王寅春》一书中，就有紫砂前辈王寅春在抗战期间制作"满汉全席餐具"的记载，这是根据陶瓷实业家、紫砂收藏家华荫棠老先生生前口述材料披露的内容，颇具历史价值。

◎人民大会堂国宴中的部分宜兴器皿
照片由人民大会堂周继祥提供

　　华荫棠先生慧眼识珠，非常器重王寅春，在1943年，以五石米为代价向王寅春定制满汉全席餐具。

　　满汉全席是满汉两族风味佳肴兼用的皇家盛大宴席。既有宫廷菜肴的特色，又有地方风味之精华。上菜号称有大大小小菜肴108道，包括南菜54道和北菜54道，得分三天才能吃完。华老定制的这一套，光是餐具就有144件，计有品锅、锅托各1件；鸭煲1只，海碗4只，中碗8只，饭碗10只，十吋平盘4只，七吋平盘8只，七子盏一副8只，茶盖碗10只，茶碗托10只，酱油盏10只，小调羹10只，酒盅10只。整套工艺由王寅春和王石耕父子合作完成。餐具用大红袍泥制作，内施白釉，嵌黑墨，形成开片纹饰，外部刻字画装饰，既有皇家气派，又有文化品位，这是宜兴最早制作成套餐具的资料佐证。

　　始于上世纪60年代的宜兴精陶，是饮食文化中出现的餐具新门类。顾名思义，宜兴精陶是属于长石质硬质精陶，兼有瓷的莹润细洁与陶的坚韧耐用，冷热激变与抗冲击强度均优于瓷器，适宜机械化洗涤和高温消毒。除大宗产品出口海外市场外，国内市场的宾馆、饭店大多有它的身影。在精陶的发展史上，造型、装饰、配套能力的创新变化，以及从釉上贴花发展到化妆土釉下装饰、釉下手彩、釉下贴花、釉中贴花和色釉餐具的工艺变革，为国内餐饮业提供了更适用的美器选择空间。上世纪70年代至80年代，宜兴精陶厂的餐具在国内市场用户扩展到10余个省市的500余家宾馆和饭店，且大多有特定的品种和配套要求，许多还贴有店名和店徽，彰显地域特色的个

性。如颐和园听鹂馆定制的鹅黄底色、描金彩绘"凤穿牡丹"成套餐具，主体为高脚9件组合"菊花形"餐具，另有盘、盆、碗、杯碟、品锅、盖碗、鱼盘、调羹等，筵席全开，呈众星捧月之势。其品种之多，要求之高，极显富丽堂皇的皇家气派。另外如北京人民大会堂定制的国宴用精陶餐具，颇受好评。尤以当时设计开发的精陶化妆土象形餐具为例，增加了餐具的艺术趣味和文化品位，几乎风靡了国内不少星级宾馆和饭店，种类有龟、田螺、水牛、绵羊、螃蟹、鲤鱼等动物形，以及白菜、橘子、寿桃、南瓜、莲蓬等蔬果形，同时还配套有如意、黄瓜、蛟龙、白藕、鲤鱼跃浪等筷架及各式小调羹，为各客餐具，小巧玲珑，逗人喜爱。1986年10月下旬，英国女王伊丽莎白二世访问上海时，上海市政府在上海工业展览馆举行盛大欢迎宴会，席上用上了由锦江饭店配备的精陶象形餐具，女王说："我到过许多国家，也用过金、银餐具，像这种陶制的象形餐具还是第一次见到，非常好，很精美。"在沪期间，外交部长和上海市领导还用宜兴紫砂工艺二厂生产的小型竹节紫砂茶具，在城隍庙湖心亭招待女王品茗，大幅图片刊登于《人民画报》。美器与美壶，彰显了宜兴陶的无尽魅力。

现今，除最早成立于上世纪60年代的宜兴精陶股份有限公司外，90年代又涌现了生产精陶的宜兴金帆、宜兴华丰两家专业公司。2005年，台资企业台宜陶瓷和信亿陶瓷落户陶瓷产业园区，生产的各类日用餐具出口欧美市场。2014年，宜兴至正陶瓷有限公司落户潜洛村并同年投产，各类精陶餐茶具全部出口。

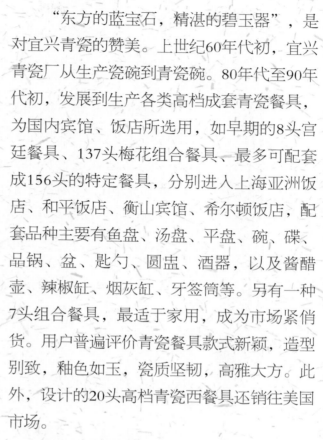

"东方的蓝宝石，精湛的碧玉器"，是对宜兴青瓷的赞美。上世纪60年代初，宜兴青瓷厂从生产瓷碗到青瓷碗。80年代至90年代初，发展到生产各类高档成套青瓷餐具，为国内宾馆、饭店所选用，如早期的8头宫廷餐具、137头梅花组合餐具、最多可配套成156头的特定餐具，分别进入上海亚洲饭店、和平饭店、衡山宾馆、希尔顿饭店，配套品种主要有鱼盘、汤盘、平盘、碗、碟、品锅、盆、匙勺、圆盅、酒器，以及酱醋壶、辣椒缸、烟灰缸、牙签筒等。另有一种7头组合餐具，最适于家用，成为市场紧俏货。用户普遍评价青瓷餐具款式新颖，造型别致，釉色如玉，瓷质坚韧，高雅大方。此外，设计的20头高档青瓷西餐具还销往美国市场。

饮食文化毋分地域国界，它是人类生存繁衍的共性需求。宜兴美器是历史传承的必然，它缤纷出彩，名扬四海，于今称盛。宜兴美器与宜兴美食相应成辉，饮食文化与饮茶文化相互交融。或谓美食美味世间有，陶都美器世无双。

2016年1月18日

（作者系中国陶瓷工业协会副理事长
宜兴市陶瓷行业协会会长）

注重宜帮菜的文化打造

马健鹰

在江苏各地方风味流派中，有一处地方流派，其范围虽小，但其个性特征鲜明；其定名最晚，但其文化底蕴深厚，这就是宜帮菜。宜帮菜，如江南水乡，在烟雨中渐显形色，在薄雾里舒展丽姿。美味伴随着典雅的造形，如一叶小舟在小镇间的河道里缓然而至，层次渐进，沁脾诱心，这已是很难逾越的艺术品了。然而，生

活在这山青水秀的宜兴人却不满足，宜兴人的心总是载
藏着远阔的天地，奇思妙想总是随着流动的热血奔涌。
当人们还在沉醉于传统宜帮菜品的诱人姿色与味香时，
宜兴人又开始了更深层次的求索。菜品好吃，这是本
分；菜品好看，这是本色；风味有文化，菜品有掌故，
这是本性。

宜帮菜在长期的发展实践中，形成了许多地方个性鲜明的烹饪方法和风味菜品，充分地体现了宜帮地方风味完备而成熟的烹制体系，这是其它区域无法比拟的。从这个意义上说，宜帮菜技法高妙。而宜帮菜的文化特征更是宜兴历史文化发展的特殊体现，汽锅双味、盘龙痴虎、宜兴头菜、芳庄羊肉……许多菜品蕴含着宜兴历史的身影，体现了宜兴历史发展中的社会生活的方方面面，这是其它地方流派难以并比的文化个性，这种个性就是宜帮菜的本性。

宜帮菜的人文精神，是宜兴历史传承的结果，更是宜兴本土文化在人们饮食活动中的精神层面的聚象和体现。宜帮菜的文化打造，主要体现在宜帮菜与宜兴本土民俗和历史文化的有机融合。

◉ 人民大会堂国宴中的部分宜兴器皿
　照片由人民大会堂周继祥提供

　　宜帮菜，就是以宜兴区域为范围的，以宜兴本土物产为主要食材，以宜兴历史传承至今的技艺为主干，以宜兴地方历史发展和民俗风情为文化底蕴而形成的地方菜系。宜帮菜不仅是宜兴的历史记忆，也是宜兴的文化名片。邓丽君的一首歌曲叫做《又见炊烟》，它恰恰抓住了乡情菜文化结点，宜兴是属于马家浜文化，宜帮菜是从新石器时代晚期马家浜文化开始追溯的。宜兴的地方民俗很具有独立性，而且很完整，应该把它整理出来成为宜帮菜的特点。

　　对于宜帮菜的基本特征问题，众说不一，其实这个问题相当重要，特别是在国际餐饮市场竞争融和并举、多元个性饮食文化共存的今天，这个问题的意义尤显重大。统观宜帮菜的历史发展，我们就会得出一个整合性的认识，那就是宜帮菜的基本表现形态和特征具有浓厚的美性色彩，其基本表现就是"本味"，这正是中华民族以"中和"为美在宜兴人的饮食活动中的个性反映。"中和"，源于儒家创始人孔子提出的中庸之道。宜帮菜所选原料平朴易得，依时而用，不以名贵取胜，不以烈味张扬；烹制方法以炖焖烩焐蒸见长，所得之味怀本求真；调味方法力求以原料自身的天然之味为本，通过平衡与整合，使原料原味间的冲突在平和中转化为至美之味 ——"本味"。这一切正是本味治膳的基础，也是显现宜帮菜"中和"的前因。与之相比，其它地方风味的菜品在这方面尚不可及，如川菜以辛辣调味品彰显个性，粤菜以海鲜野味彰显个性，其取胜之势皆在平和守中之外。"中和"的这种宜帮菜传统烹饪的基本美性特征，其最终必然地要通过烹饪的核心——"味"表现出来。值得注意的是，宜兴人的饮食生活是以"情"为导向，所以，宜兴传统烹饪从来不曾将营养作为美食的最重要的衡量尺度，美味自然就成为宜兴人确认美食的基本标准，"中和"自然也就成了宜兴人创造美味的重要依据。宜帮菜烹调方法与治味原则之所以极具魅力，宜帮菜品之所以拥有举世公认的美味优势，就是因为宜帮菜从根本上符合中国传统哲学中的审美原则。西方人把营养作为判断美食的最重要的准则，因而，西方人可以从容地、充分地利用科学技术的优势，通过烹饪器具的现代化装备，运用量化标准，来解决饮食的营养问题。中国烹饪要做到这一点就很难，宜帮菜要做到这一点则更难。中国自古有句话："众口难调。"从历史发展看，宜兴人对味的追求要远远地超过对营养的追求，即使是今天，宜兴人尽管在饮食活动中已很注重菜品营养以及菜品对健康的影响，并提出吃营养、吃健康的口号，但美味在宜兴人的心目中仍旧处于重要地位，对营养的追求仍然是以美味为前提的。特别是现在，"吃健康"的口号声未落，宜兴人又提出了"吃文化"，强调宜帮菜的饮食文化的地域性。宜兴的厨师在烹调过程中，倾注的不是量化标准和理性规则，而是情感和悟性。宜兴烹饪产品的最高表现形态就是色香味型，其中"味"是厨师和消费者共同判断和追求美食的核心标准。在中国餐饮业走向国际市场的今天，要想保持宜帮菜的魅力，就要着重突出手工操作的文化个性优势。世界上任何一种文化，首先是民族的，然后才是世界的。只有将手工烹饪与文化打造、悟性烹饪与历史传承进行有机地结合，最终确保宜帮菜的个性风味和文化特色，宜帮菜所在的宜兴餐饮业在餐饮市场竞争中才能健康发展。因此，宜帮菜切不可在自身已有的优势上突发奇想，紧随时尚烹饪的行姿而邯郸学步，失去本有的优势，否则，宜帮菜的餐饮文化将魅力削减，宜帮菜的烹饪艺术魅力将大打折扣。宜兴餐饮业有着几千年的文化积淀，精深博大而独具魅力，这又是许多地方无法比拟的。只有坚持宜帮菜以味为核心的发展之路，保持宜帮菜烹饪的美性特征，并且虚心学习西方先进的经营理念与经营模式，宜兴餐饮业在餐饮市场的激烈竞争中才有胜利的保障。

历史终归过去，今天的宜兴呼唤品牌经营，今天的宜帮菜呼唤着历史的传承与文化的打造，这是宜兴餐饮业可持续发展的战略问题。随着广大消费者文化修养的普遍提高，随着餐饮业经营者文化品牌意识的觉醒，特别是随着各地旅游业的蓬勃发展，餐饮业迎来了文化餐饮时代。中国高等教育的飞速发展使消费者的文化修养和审美能力出现了整体高度跨跃，消费者向餐饮市场呼唤文化内涵深厚的品牌宴饮。这种呼唤在精明的餐饮经营者看来无疑是一个即将形成的巨大的内需市场。他们开始关注和寻找能提升本企业文化内涵、可张扬本企业品牌个性、适于本企业可持续发展的文化餐饮的落脚点。地方文化资源无疑是形成企业文化品牌最好的选择。

　　为有效保护弘扬宜帮菜文化，建议宜兴市旅游园林管理局组织地方力量，开展系统挖掘整理宜帮菜的文化意识，汇集宜帮菜一些菜肴的故事；应该尽快制定宜帮菜制作技术标准和宜帮菜卫生质量标准，这些地方标准非常有必要，它们使我们可以规范地去操作，规范地去运营，要研究制定宜帮菜的品牌商标使用权，颁发宜帮菜证书，研究和确定宜帮菜烹茶培训学校；建立一座宜帮菜文化博物馆，从文化和历史的角度满足人们对宜帮菜的了解，成为一个旅游景点。

随着全国各地旅游经济的高度发展，宜兴餐饮业迎来了文化餐饮时代；随着消费者文化修养与审美能力的不断提高，宜兴餐饮市场兴起了以文化铸就企业品牌、以宴饮体现宜兴本土文化的大潮。宜兴本土食客为宜兴本土固有的丰富而深厚的文化而无比自豪，他们在庆幸自己生于文化底蕴如此深厚之定兴本土的同时，尽情地享受着表现宜兴本土文化魅力的风味宴席，这就形成了永不褪色的火红餐饮市场；异地游客在追慕、畅游和沉醉于心目中之宜兴旅游文化圣地的同时，细品着融合宜兴本土独具特色的历史文化的高远情趣，回味着其中无限的宜兴风土人情与诗情画意，这就形成了流动不止、涛声不息的宜兴旺盛旅游市场。这些现象绝不能简单视为一种饮食活动，如果餐饮没有融入深厚的文化内涵，如果宴席设计忽视了宜兴本土文化的充分而合理地运用，那么上述一切的再现就很难想象了。

2016年9月2日夜于扬州

（作者系扬州大学旅游烹饪学院副教授）

大美宜帮说紫砂

孙春明

　　宜兴地处江南福地，傍湖枕山，烹饪原材料富足，厨人善于巧思，菜品自成一格。有人这样形容：宜帮菜和它周边的那些菜系相比，没锡帮菜甜，没浙帮菜淡，没徽菜浓。"三没"之间，反倒是特色凸显。论及特色，菜品特色之外，宜帮菜给人印象深刻的，还有盛器。

点数宜帮菜特有的器皿，当然首推紫砂。这可是一个琳琅满目、美不胜收的大家族：紫砂炖锅、紫砂炖盅、紫砂汤盆、紫砂碟盘……让你目不暇接。造型上除了常见的大盘小碟之外，还有螃蟹、甲鱼等异形紫砂餐具，和江南菜品结合得天衣无缝，给菜肴锦上添花。如果再算上紫砂和其它原材料合体制作的，就更让人看花了眼。

不要小瞧了餐具盛器，"色、香、味、形、器、养"，盛菜的器皿在中国菜六大评价要素中，占据着重要位置。虽说中国烹饪以味道为核心，却并非只靠一个"味"字打天下，色、香、形、器、养，都是和味道相辅相成、相得益彰、共同打天下的，缺了谁都不完美。试想，同形同色同质的一款蟹粉狮子头，分别盛放在紫砂盅和塑料碗中，那简直就是两款菜。

◎人民大会堂国宴中的部分宜兴器皿
照片由人民大会堂周继祥提供

再扩大些，餐饮企业经营的三要素：菜品、环境、服务，都与器皿有关联。且越是好的餐馆，越是高档次的宴请，和器皿关联得越多。曾给德国皇室做餐具的"梅森"，如今一个白瓷盘子在市场上的售价约合4000元人民币；在英国办宴会，上不上档次，高不高级，首先要看的不是吃什么，而是第一看赴宴者的身份地位，第二就是看餐具的档次如何。

作为宜帮菜不可分割的一部分，宜兴的紫砂餐具给人留下了很深的印象。如果归纳总结，它们起码在以下七个方面，不同凡响。

一是顺应潮流。紫砂餐具虽然高档，但就它的本质来说，和当今世界上使用最广泛的餐具——瓷器，是同根生的一母同胞，都是来自泥土。当今的消费趋势是，越接近于自然的越受人青睐，天然织品比化纤服装更受追捧，添加剂催生的食物不如自然生长的食物吃香。同样，紫砂餐具这种纯天然的出身，让它在和塑料、不锈钢等人造盛器的比较中，未经列阵就领先了一步。

二是实用适用。实用、适用是对餐具盛器最基本的要求，但随着近年菜肴盛器创新潮流涌起，一些餐饮人"求新求异"，在餐具的实用、适用方面走了弯路。例如餐饮大赛上那些花心思、投重金打造出的金器、银器、玉器餐具，虽然金碧辉煌，气派有加，但并不实用，其中多数甚至难以达到菜品的基本保温要求，有些菜肴盛器更是巨大到要几个小伙子合力才能抬动。还有，前一阵，一些时尚餐厅流行使用"秦砖汉瓦"盛菜，美观不美观、会不会给食客造成心理不悦另说，用砖砖瓦瓦盛菜，实用、适用吗？相比之下，宜帮菜的紫砂餐具在保温、质感、手感、大小、重量、造型乃至使用方式等方面，都没有脱离本色。它是在满足盛器要求的情况下，给餐具升级换代，提升档次。

　　三是一物多用。宜兴紫砂器皿的一大特色，就是那些坛坛罐罐盆盆碗碗，多可一物二用。它们既是餐具，又是厨具。紫砂里含有多种矿物质，烧成后形成双气孔结构，透气不透水，放隔夜茶都不会馊，漫说放菜！这种特性，让它做餐具时出色，做厨具时更佳，可以做出那些铜、铁、不锈钢、陶瓷、玻璃、木质、竹制厨具做不出来的味道。笔者曾品尝过一款汽锅鸡，味美异常。大厨说，一半的功劳，要归功于他常年使用的那几只紫砂汽锅。

　　四是美观漂亮。紫砂盛器不用上釉，这使它具有了天然之美。更可贵的是，紫砂并非只有一种姿色，经过炼泥、窖藏、淘洗等工序，再辅以不同的烧制温度，紫砂器皿可以呈现朱砂、暗肝、雪莉、松花、豆青、轻赭、淡黑、古铜等多种色调色彩，让它有了"五色土"的美称。加上制作者们在形态、纹饰上的设计、加工、美化，更让它具有了自然美、古朴美、形色美、文化美。

　　五是健康安全。食用健康和食品安全，是当今人们日益重视的一个大问题。我们历史上的一些餐具，多从好用、美观上下功夫，而在食用安全方面，在对食客身体影响方面，则考虑欠周。从这个方面看，青铜器不是好餐具，漆器不是好餐具，用化学颜料涂了个"大花脸"的瓷盘瓷碗，也不是好餐具。而紫砂餐具来自泥土，烧制时不上釉色，遭遇高温时也不会析出那些对人体有害的化学物质，在健康安全方面大可让人放心。当然，那些"化学"的、假冒的、伪劣的紫砂餐具不在此列。

六是专有独特。宜兴紫砂，不仅是矿料独特，炼泥和烧制的工艺也独特，且密不外传。这就给宜兴紫砂器皿披上了一件特有的外衣。看到过一句广告语："世界上只有一把紫砂壶，她的名字叫宜兴。"这话妙极了。切记，越是地方的就越是世界的，越是独有的就越是长久的。

最后一点是它的名气。数百年前，宜兴紫砂壶就名声在外；近些年来，宜兴紫砂矿慎采、禁采的信息人尽皆知。有了这两面大旗高举，宜帮菜紫砂餐具的名声和档次，还用争较吗？

比较起菜品，盛菜的器皿真是幸运多了。因为菜品是"瞬间艺术"，即使是现代科技，也只能从视觉、听觉上对它予以保存，而无法使它的嗅觉、味觉以及对口腔等吞咽器官的触觉长存久留。回顾历史，那周八珍中的淳母、淳熬，那鸿门宴上的彘肩，那因"染指"而酿成弑君之乱的鳖汤，都已烟消云散；即使考古时偶然发掘出一盘饺子、一碗面条，也早已有名无实，干瘪炭化成不可食用的东西。而盛菜的器皿，却能经历住数千年风云的洗礼，留存至今，不仅可看，只要舍得，依然可以用来盛菜，履行它的"功能职责"。波兰女诗人辛波丝卡写过一首名为《博物馆》的诗，里边有这样两句："王冠比头颅存在的时间长，手输给了手套"。从这个意义说，盛菜的器皿也比菜肴自身活得长久。

也许，再过若干年，我们当今所钟情所赞许的菜肴，变成了少香无味的几张图片、一段视频，而宜兴紫砂餐具，却依然活生生地捧在那一时代人们的手上，为宜帮菜的兴盛传唱。

2016年3月

（作者系《东方美食·烹饪艺术家》副主编）

"宜帮菜"历史文脉概论

叶聚森

"宜帮菜"以其优良的本邦食材、精湛的烹饪技艺和地道的乡土味道，备受社会各界的关注和广大食客的青睐。在2014年中国陶都（宜兴）金秋经贸洽谈会美食大赛上，"宜帮菜"这一概念的提出，更引起了业内同仁和专家学者的热烈推举。目前，"宜帮菜"作为淮扬菜系中的一个特色鲜明的重要分支，正在长三角地区异军突起。

　　"宜帮菜"的文脉源远流长，历史悠久。根据新街骆驼墩、徐舍西溪和杨巷城头地等遗址的考古发掘，表明以稻鱼为饮食个性的"宜帮菜"渊源，发韧于新石器时代。依凭古文献和宜兴文史资料记载，夏商周三代已具备"宜帮菜"的雏形。六朝时期，随着义兴郡县治所的设置和集镇、寺庙的兴起，"宜帮菜"饮食文化基本形成。此时，饮食根据时令的不同而变化，就餐进酒有一定的礼仪，施筵请客有整套风俗习惯，锅碗瓢盆等餐具一应俱全，寺院僧众一律素食，皈依弟子逢初一、月半或佛教重大节日、香期、特定斋日亦必须素食。唐宋

之际，随着中国经济重心南移，饮食文化在高官、名士的助推下获得长足发展。史能之在《毗陵志·卷第十三》中说，宜兴一带的土特产特别丰富，仅水产品"鳞之属"就有鲈、鳢、鲟、鲑、鲋、鮰、鮆、鳜、鲤、青、白、鲫、银、鲻、鲳、横管、鳅、鳗鲡、鲇、鳝、黄鲚、黄颡、针头、鳘、蟹等数十种。餐桌上，不仅有山珍、湖鲜众荤菜和百合、笋菇等蔬菜，还有质量上乘"清若空"的米酒，更有胜似珍珠的阳羡米饭。明清时代，太湖流域发展成为中国最发达地区，达官贵人、富商巨贾、文人雅士交友宴饮频繁，社会各阶层对美味追求日甚，且品位越来越高，"三月三，吃只棉苋头团子上高山""冬吃萝卜夏吃姜，勿用郎中开药方"（见宜兴文史资料第38辑《宜兴方言》）等谚语应运而生，甚至有的文人还将饮食文化上升到哲学的高度，从而使"宜帮菜"走向高潮。清末民初，由于受到上海和苏锡常大城市的引领辐射，宜兴各大城镇涌现出一批具有近代管理理念、经营方式的饭馆、酒店，兼容并包本邦与外来菜肴于一体而盛极一时。近年来，有识之士立足生态文化旅游发展新潮头，在更高的历史起点上，开启了宜兴饮食文化的新纪元。

"宜帮菜"品牌尽管命名不久，宛若一个刚刚呱呱落地的婴儿，却在短时间内得到广大食客的偏爱。为什么"宜帮菜"会有如此强大的生命力和爆发力，这与它具有极其深厚的文化底蕴密不可分。

1

"宜帮菜"具有丰富独特的优质食材。一是自然环境优异。宜兴位于苏、浙、皖三省交界，又处于沪、宁、杭三大城市中心，南枕高耸巍峨的天目山，北濒奔腾不尽的长江水，东连碧波万顷的太湖，西望苍翠欲滴的茅山，是一块雨量充沛、四季分明、"三山二水五分田"的风水宝地。宜兴文史资料第15辑《宜兴历史文化初探》说，地处锦绣江南的宜兴，是祖国东部平原水乡与丘陵山区的结合部，北亚热带与北温带的过渡带。丘陵山区适宜竹、树、茶、果生长，平原圩区适宜粮油作物生长，太湖渎区适宜瓜果、蔬菜生长。优越的地理环境，滋养出十分丰饶的物产。《宜兴市风景资源调查与汇编》记载，仅宜南山区的维管束植物就有144科491属844种，资源繁多，品质优

异；又据明代万历《宜兴县志》记载，湖汊荡河中的水产品达27种，山区平原的动物达83种，鱼虾鸡鸭，肥嫩鲜美。二是富含特色食材。如笋、马兰、香椿、苋菜、板栗、地衣、雁来蕈、塌菜、百合、渎上萝卜等蔬菜，溪蟹、野鸭、黄雀、白鱼、白虾、银鱼、鳜、叽郎鱼、河蚌、蛳螺、痴虎、竹鸡、鳝、野猪、兔等荤菜，还有绿苴头团子、阳羡茶、桂花糖芋头、杨梅酒等。这些食材，或我有他无，或他有我优，如杨梅、茶、豆腐干等均为享誉九州的朝廷贡品。优质食材，为我们制作如咸肉煨笋、黄雀塞肉、红烧狮子头、八宝野鸭、香椿炒蛋、横山鱼头、糖醋鳜鱼、雪菜爆竹鸡等一道道风味个性鲜明的宜帮菜品奠定了坚实的原料基础。历史表明，蕴含特质禀赋的卓越食材，既是传承宜兴饮食文化不断前行的源头活水，更是在新时期构建"宜帮菜"独特个性的物质前提。

2

　　"宜帮菜"具有底蕴厚实的历史传统。其一有考古资料佐证。距今7000年前的骆驼墩遗址，发掘出2000余颗碳化稻米，数十件鼎、釜、盂、罐陶器，以及一座大型螺贝堆积；距今6000至7000年前的西溪遗址，出土了面积高达2万余平方米的螺贝壳堆积，这些足以表明，早在新石器时代，宜兴饮食文化便拉开了帷幕。六朝时周处墓中发现了青瓷谷仓罐；唐宋时真武殿窑群发现了众多的碗、盘、罐、壶等；明清窑址，所制器皿种类更加多样，仅汤渡画溪河两岸的溪货便堆积如山。其二有历代文人记述。宜兴在夏商周时期，地属扬州，《尚书》有"贡鱼"的记载；《山海经》有"针头"和"鳜"的记注；《史记》有捕食"螺蛤"的表述。六朝时，周处《风土记》记叙更详："元日，长幼悉正衣冠，以次拜贺，进椒酒，饮桃汤，及柏叶酒。""仲夏端午，烹鹜角黍。""鸭，春季雏。到夏五月，则任啖。故俗五六月则烹食之。""七月七日，其夜洒扫于庭，露施几筵，设酒脯时果……乞富乞寿，无子乞子。"同时，突出了稻的主食地位。"穄，稻之青穄米，皆青白也。"《尔雅》把"稻"列为"谷之属"首位，《字林》注释"今夏熟者曰早禾，冬熟者曰晚禾，品色不一，难以枚数。"唐宋时，《毗陵志》载有宜兴303种品质上乘的土产。此外，白居易、陆龟蒙、卢仝、陆羽、杨万里、皇甫冉、权德舆、皮日休、杜牧、陆希声、李绅、梅尧臣、苏轼、苏澈、蒋之奇、孙觌、陈克、曾几等鸿儒硕彦、风流名士都留下了羡慕和赞美宜兴物产、美食的诗文。仅以大文豪、美食家苏东坡为例。他在《寄陈述古》诗中赞美宜兴的大米"阳羡溪头米胜珠"，白似珍珠，香糯可口，为上等米；在《忆江南寄纯如五首》诗中，"若话三吴胜事，不惟千里莼羹"，"未许季鹰高洁，秋风直为鲈鱼"，称赞莼菜和鲈鱼堪为美味佳肴（见宜兴文史资料第36辑《苏轼与宜兴》）。又传特色食品官林野鸭也与苏东坡紧密相关。宜兴文史资料第42辑《宜兴民俗》记载，"官林野鸭烧制始于宋代。相传蒋之奇、苏轼周游滆湖，庄家渎胡家烧制野鸭招待，大获赞誉。"该烹饪技艺延传至今。明清时，文人笔记中对饮食文化的记载，更是汗牛充栋。仅在《常郡八邑艺文志》中，就有马治、宋濂、陈维崧、方孝孺、王世贞、唐顺之、董其昌、徐喈凤、龚百药、曹亮武、岳麓、陈子贞、倪瓒、陈敏政、王鏊、费宏、杭淮、吴正志、瞿源洙等上百位宰相重臣、文人雅士留下了歌咏宜兴优质食材、捕猎方法、美食运输、欢宴畅饮等诗文。清末民初，诗人陈适亦创作有赞誉家乡特产风味的律诗。

　　"宜帮菜"具有开拓创新的文化因子。据古籍和文史资料记载，明清时宜兴人在生产生活实践中，创造了卤点豆腐法，使豆腐鲜嫩可口，用宜兴豆腐与其他荤菜一起炖煮，质地更显细腻，味道更加鲜美，受到太湖流域地区时人的称誉；清末贡品和桥老油豆腐干，亦是探索创新的产物，形状上，将方形改为圆形，包装上，严格用滆湖芦苇编制的小蒲包，制作上，要在老秋油中浸渍数月甚至一年，使其作料完全吃透。故人们咀嚼时，口感"咸而不涩、甜而不腻、香而不厌、回味无穷"。又如宜兴名菜"盘龙痴虎"，不仅要在宰杀时做到十余条痴虎鱼首尾相接、用酒盐将之腌制、将鱼挂蛋糊油炸捞起装盘，更要将配料下锅炒

熟，把少量泡开的阳羡绿茶连茶叶倒入锅里，再用酱油、白糖、米醋下锅勾芡，将之浇在鱼上。这样烧制而成的"盘龙痴虎"，才有绿茶清香味、微酸醋溜味和黄酒香薰味的至味。再如清末民初宜兴规模最大、名气最盛的大饭馆"王复茂饭馆"，在自备鸡、鸭、猪、羊、水产品的基础上，传承烤鸭席、整鸭席、扣鸭席传统筵席的同时，积极与常州、无锡、苏州、上海等南北货栈长期签订鱼翅、鱼皮、海参、干贝、开洋、淡菜、金针、桂圆、莲心、燕窝、银耳等货约，隆重推出鱼翅席和鱼皮

席，饭馆还注重建筑的审美风格和文化气息，其管理模式、经营方式、厨师队伍建设、餐具设置等，全面向近代化餐饮标准看齐，堪称宜兴饮食文化发展史上的一大飞跃。特别是近年来，宜兴十分重视挖掘传统优秀饮食文化，致力开拓生态健康食品新领域。通过培训烹饪技术人员队伍、发展乡土特色饭店、举行各级各类美食大赛、开展国内外餐饮文化交流、征编出版《云游宜兴》《味道宜兴》《素食宜兴》《宜兴吃货》等书籍，使"宜帮菜"的乡土味、茶禅素食味越来越深入人心。

总之，"宜帮菜"饮食文化博大精深，山珍、湖鲜、野味特色佳肴品种繁多，这是宜兴得天独厚的自然环境和勇于创新的先辈们智慧结晶的结果。"宜帮菜"因其具有历史悠久、内涵丰富的文化基因，可以预见，在市场经济大潮中，必将再次经得起市场的检验，并有着广阔的发展前景。

（作者系宜兴市学习文史委员会副主任）

地气

徐 风

　　这里有青山。至灵至性的山，风姿依旧，几度夕阳。

　　这里是水乡。至善至美的水，逝者如斯，不舍昼夜。

　　远古洪荒，宁静丰盈，这里男耕女织、炊烟袅袅；战国春秋，这里人烟密集、制陶盛行。这里本是江南水土的经典缩影，笔墨风行，弦歌悠扬。

雁来蕈

西渚的秋天，像凡高的一幅画。

人在西渚的山岗上走，那无数的山野气息与朵朵繁花向你扑来，如此脉脉相望，彼此心扉豁然敞开，无限情语不着一字。一路恍惚而过，微醺的感觉，秋光便这样被打开了。

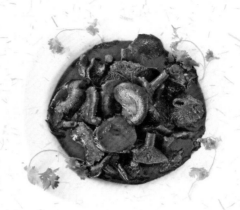

你推开了一户农家的门扉，一股奇异的清香扑鼻而来，简陋的饭桌上，盛在粗瓷海碗里，堆得山尖一样，冒着袅袅热气，肥而圆，像伞一样撑开，黑亮黑亮的，是什么菜啊？

主人憨憨地只说了三个字：雁来蕈。

主人好客，你禁不住尝了一口，那是一种什么样的鲜嫩呢！鲜，是一种不容置疑的清纯可口；嫩，是一种眉舒目展的爽脆软润；一种无可名状的清香，酥酥地麻住了你的口。你恍然觉得，用味精调出的鲜，与雁来蕈相比，是何等地伪劣。等到你走遍西渚，你发现，这样的一道菜，在招待珍贵客人的饭桌上，几乎无处不在。西渚里的雁来蕈，或者雁来蕈里的西渚，你分不清它们谁是前世，谁是今生。

　　你知道的，秋高气爽的蓝天上，大雁们总是排成一个"人"字，无论怎么飞，都飞不散的。它们不会知道，有一种躲在隐蔽处的山珍，是用它们的名字来命名的。而雁来蕈就像一支伏兵，它们埋伏在某一棵松树的落荫部分，像躲在深闺里。有时，寻找它们的人们匆匆从它们身边走过，它们就暗笑，你听不见它们的声音，但松树听到了。后来你吃到的雁来蕈有淡淡的松针的清香，人们就说雁来蕈是松树的孩子，它靠的是山水的灵气滋养。

　　北雁南飞的季节总是让人感怀。秋风一紧，松针纷落；雁来蕈上市了。在西渚，一种最常见的吃法，是把它放在上好的酱油里，用文火熬；浸透了酱油的雁来蕈，让人看一眼就吊胃口；那香有些异，你能感觉到松风摇曳，有人在松下抚琴，风雅天然，真没的说。雁来蕈一般不单作菜，或许是金贵；吃面条时，搛几块搭搭（宜兴话，品味的意思），浇上一点酱汁，是雁来蕈的原味，那样一种鲜，是难以用文字表达的。郭沫若早年到过宜兴西部山乡，他口福好，宜兴的好东西都让他吃到了，雁来蕈尤其让他感到妙不可言。他的老乡苏东坡，口福不比他差，吃了雁来蕈还做诗，当然不像《赤壁赋》那么有名。他还告诫别人，透鲜的东西不可多吃，食多无味。不过，你既然到了西渚，就应该把雁来蕈吃个够。

香椿

　　春天让人的嘴变馋了。香椿悄悄地上了人们的饭桌。西渚多山，皆挺秀葳蕤。在高高的山上，香椿寂寞地生长，它最嫩的时候，天还凉着，山上的花还都没有开；爱吃它的人赶紧上山了。这里的人叫它"香椿头"，那是吃它的嫩头的意思；当地还有句俗话叫"吃嫩"，是指别的意思了，其实，人都有吃嫩的心理。医书说，香椿早在汉代就被国人食用，曾与荔枝一样作为贡品。它性凉，味苦平；且能清热解毒、健胃理气、润肤明目。其实人们在乎的，还是那一口鲜香。西渚人朴实勤劳，他们舍不得让香椿老在山上。当香椿的香气弥漫在饭桌上，你就知道，在高高的山坡上，留下了主人多少辛勤的脚印。

香椿分紫椿、油椿两种，紫椿质优，味微苦，温。药理上具有涩肠、止血、固精等作用。早年，西渚一带有道凉菜叫"香椿拌豆腐"，是把上好的紫椿在沸水里稍煮，以半熟为宜。然后切匀，浇上麻油，与滑嫩的小箱豆腐拌在一起，还可佐以虾皮、葱末、豆腐干丁之类，爽口而多味，口感极佳。微苦的香椿多嚼几下，就有回甘，那是一种悠长的滋味，再吃一口，满身心的春风荡漾。西渚的朋友告诉我，香椿炒鸡蛋，也是这里有名的土菜，极香，又不像野葱那样冲鼻，色泽鲜黄翠绿，再浇一点麻油，整个春天都在你嘴里了，你还不陶醉啊。这道菜里，鸡蛋是丫环，香椿才是金贵的小姐。

香椿炒竹笋，又是西渚的一道不可抗拒的土菜。那竹笋从山上挖来，架硬柴、入铁锅煮，须烈烈旺火，煮得那竹笋酥软而节骨全无，切成块；又将嫩香椿头洗净切成细末，并用精盐稍腌片刻，去掉水分待用；炒锅烧热放油，先放竹笋略加煸炒，再放香椿末、精盐、鲜汤用旺火收汁，点味精调味，用湿淀粉勾芡，淋上麻油即可起锅装盘。这道菜的味道如何，我不告诉你了，自己去西渚吃吧。

螺蛳

没有到西渚之前，我一直认为，螺蛳只有水乡才有。在西渚，吃了云湖里的螺蛳，我一时失语。螺蛳居然可以这样肥，这样鲜。

我一向认为，吃螺蛳就是吃地气。螺蛳在河泥里过日子，谁也不会羡慕它们。它一生都没有见过什么世面，老天爷就赐予它一个坚硬的外壳，是为了让它不受欺负。我想，云湖里的螺蛳之所以这般鲜美，还是因为它们吸收了山川河泽的气息。回想我们的孩提时代，小河里的水永远是那样清澈。夏天，我们和水牛一样喜欢泡在水里，和水牛不一样的是我们还喜欢摸螺蛳。那几乎不需要技术，你往河泥多的地方踩，一摸就是一把螺蛳。不到半天，

我们的木桶里就满了。天下没有比螺蛳更胆小的动物。你一碰它，它就缩进壳里。可它一有机会，就从壳里出来透气。我看见过螺蛳的眼睛，像孩子一样顽皮，它想跟人玩，它不知道人只是为了不让它下锅的时候太脏，才把它像客人一样放在清水里养。它生命的最后几天是做贵族的，没有河泥的气息它们会有些难受，有些寂寞。最后它们就被下油锅了。它们的末日是从屁股被剪掉开始的，在滚烫的油锅里它们尽情地舞蹈，黄酒、辣椒、酱油、生姜、葱花……都在成全它们变成佳肴。我无法想象，云湖里的螺蛳是怎么生存的，那样的碧水涟漪、湖光岚气，螺蛳们会不会变成半仙啊？我拿起一颗螺蛳，满心的敬畏。一吮，仿佛仙气入口，云湖就在头顶；然后，鲜味荡漾，一点点微辣，像米酒的后力。十几颗螺蛳吃下去，额头冒汗了，这时候，就是天王老子来传我，我也坚决不站起来。微辣鲜，一吮间。不经意我就吮到了西渚人的性格之美了，朴朴实实的秀美。仿佛天下至味，就微缩在一个小小的螺蛳壳里。吮螺蛳，就在那一吮一吸之间，生活就粲然变得美好了。心气高的人，让他来吮吮螺蛳吧，你不一定比别人能，经常吮吮螺蛳，心就平常了。

云湖鱼头

说云湖是仙湖，我相信的；那样的美，有时可以惊心动魄，有时又静如处子，是恬淡之美。在每一个朝霞满天的清晨，月落乌啼的夜晚，或者雪雾的黄昏，雨过天晴的晌午，流动的诗情如清风，若雾岚，似裙裾，四季变幻。于是我又相信云湖里的鱼，都是诗情画意的化身。它们朝朝夕夕，悠游于仙境一般的云湖里，白云苍狗，今夕何夕，何以不为诗仙呢？

在西渚的饭桌上，云湖鱼头好比是一出好戏的高潮，是顶级大腕压轴出场。你看那硕大的砂锅端上来，如浓缩了的云湖，氤氲着一锅鲜气。那浓汤，色如乳汁，甘如天露。便是唐诗宋词，便是国色天香，这次第，也退避三舍吧。主人殷勤，侃那云湖鱼头的种种妙处。首先那砂锅，必得选用正宗的宜兴货，透气好，存得原味；水则是云湖里纯净清澈的活水；鱼选七八斤重的花鲢，从云湖里现捕活杀。除鳞去鳃，除去内脏，洗净剁下鱼头，将鱼头下锅煎黄后捞出，放入砂锅，注入云湖活泉，辅以葱结、生姜、料酒、香醋、香菜、胡椒等，撇除浮油，先以旺火烈炙，继而改以文火煨煮数小时。如此烧制绝无土腥味，且白里透红、细嫩滑爽，肥而不腻、美妙绝伦。

喝一口鱼头汤，妙哉妙哉！遥想那云湖，朝朝暮暮风生水起，岚雾妙曼潮起潮落。顿觉浮生若梦，一夕便是百年。主人说，君若不食云湖鱼头，等于没到西渚。酒已酣，人犹醉，再看那砂锅里汤色依然乳白，鱼肉细嫩似豆花，山之光，水之声，月之色，花之香，诗之韵，画之魂，汇聚一锅，氤氲一阕婉转小令，无字处飘逸成仙，在味觉与思绪的深处，一直荡漾开去。

（作者系一级作家，有著述15部（篇），400万字。代表作《布衣壶宗》获2015中国好书、中国最美图书。多部作品被改编为影视剧。现居宜兴。）

美食美器宜帮菜

壹

论述篇

烹饪大师谈技

周继祥

河北青县人，1964年毕业于北京服务管理学校烹饪专业。1971年调入人民大会堂工作，1990年受聘于人民大会堂综合服务开发中心培训部主任。1994年获北京市职业技能鉴定中心颁发的中餐烹调高级任教资格证书、国家职业鉴定高级考评员资格证书。曾先后担任中国烹饪协会技术交流中心顾问，北京工商大学客座教授，黑龙江烹饪研修学院客座教授，2013年受聘为中国食文化研究会资深副会长、专家委员、餐饮专家主任委员。

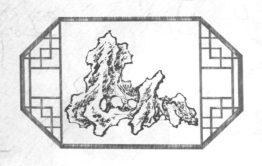

　　宜兴山川秀美，人杰地灵，具有得天独厚的生态人文资源。水养山、山藏珍、水聚湖、湖有鲜，这方好山好水、好食材，加上流传千古的传统文化，为打造地方特色菜肴品牌提供了独特优质基因。宜兴地区的餐饮有资格，有条件，有能力成为中华大地餐饮业的重要一员——"宜帮菜"。

　　宜帮菜的发展一定要和宜兴的陶瓷紧密结合。宜兴产的紫砂陶餐具器皿在国宴中占有极其重要的位置，国宴"佛跳墙""清炖狮子头""清宫汽锅元鱼"等几十个品种都是用宜兴紫砂陶器盛装的。宜兴陶器制作精美的单吃象形餐具如白菜形瓷盘、鱼叶形瓷盘、鱼形瓷盘、龟形瓷盘、柿形瓷罐、橘形瓷盅、鸡形陶罐、鸭形陶罐、陶汽锅等，件件都是上乘的艺术品。这些象形餐具不仅为菜点增色，同时又使宜帮菜具有"色、香、味，型、器"具佳的特色，增添宴席的欢快气氛。

李耀云

世界中餐名厨交流协会会长，世界厨师联合会国际评委，法国国际美食厨皇会名誉主席，亚洲国际烹饪联合会顾问，中国烹饪协会顾问，2016德国奥林匹克烹饪大赛中国国家队顾问，法国爱斯克菲国际美食厨皇会"餐饮酒店业教父"，上海餐饮行业协会顾问，国家一级评委，上海餐饮业功勋人物，澳门银河娱乐酒店集团厨务顾问。

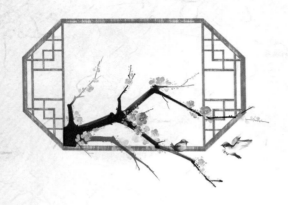

　　宜帮菜是古代宜兴人民的劳动智慧的结晶，是宜兴历史发展的结果。在历史发展中，宜帮菜注重对周边地区的饮食文化兼收并蓄，所以从宜帮菜中，我们不仅可以看到无锡、苏州、常州、扬州、南京等江苏的饮食文化的身影，而且也可以看到浙江、安徽、上海等临界省市的饮食风味特征。更重要的是，宜兴本土文化具有强烈的地域色彩，宜兴的地方民俗、历史文化与宜帮菜之间的关系密不可分，宜帮菜的各种烹饪技艺带着浓郁的地方民俗特色已融入宜兴的千家万户，这是宜帮菜具有旺盛生命力的重要前提。

鲍 兴

中国饭店协会名厨委员会常务副主席，中国烹饪大师，国家一级评委，国家职业技能裁判员，安徽省餐饮协会副会长，安徽省原生态徽菜研究所所长，中国徽菜厨师高技能人才培训基地主任，安徽饮服行业职业技能鉴定站站长。

宜帮菜是多元文化相互碰撞的结果。而多元文化中，宜兴周边的烹饪技艺、风味菜品对宜帮菜的影响非常大。从地理位置和物候特征看，安徽皖南一带与江苏宜兴很相似；从历史发展看，宜兴出现了影响中国历史的文化名流，出现了大批的影响中国艺坛的画家，这些文化名流从客观上为宜帮菜注入了丰富的文化意蕴。

一方水土养一方人，是宜兴的地产食材和菜肴风味养育了他们，宜兴的山水草木、美味佳肴铸就了宜兴饮食文化。宜帮菜的风味体系在一定程度上体现了深厚的本土文化内涵，更反映了这一风味体系在历史发展中形成的本土文化个性特征。

焦明耀

中国药膳技术制作专家委员会首席专家，荣获国家科学技术进步奖，现为中国药膳研究会副会长，世界中餐联食药委员会副主席，中国药膳评委大师审评员，中国药膳专业制作委员会主任，谭家菜第四代传人，国家高级烹饪技师，国际餐饮协会副会长，北京工商大学兼职教授，东方美食学院客座教授，北京应用技术学院饭店旅游学院客座教授，北京科技经营管理学院旅游管理系专业教学指导委员会委员，冬奥艺术城美食研发主任。

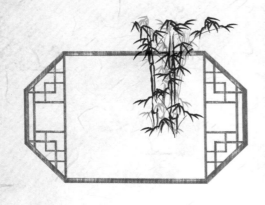

　　深厚的文化底蕴，是宜帮菜之根。江苏、安徽、浙江相汇的独特地理位置，萌生了平和而又充满悠远味道、天然润泽质感、精美绝伦刀工、丰富别样食材、世代传承烹饪技法的"宜帮菜"。

　　养生，是中华民族对世界文化的一个贡献，是中国饮食文化走向世界的重要的文化前提。从历史发展看，一个民族的饮食文化，除了要具备馔品的色香味形，还有具备具有民族个性的养生理论体系和养生饮食实践。

　　在中国各地菜系文化中，宜帮菜的养生价值应该源于宜兴古代人民的劳动创造与饮食实践，源于宜兴民俗文化中对饮食风俗的养生意义上的经验总结。这表明，养生体验与风味体验是宜帮菜文化内涵的重要组成，是宜帮菜走向未来的双翼。

王荫曾

　　江苏盐城人，中国共产党党员，国家特一级烹调师、高级技师，曾担任盐城市烹饪协会副会长，江苏省烹饪协会常务理事，江苏省第二、三届美食杯大奖赛及全国第二届烹饪大奖赛江苏选拔赛评判委员。现为江苏悦达国际大酒店顾问，扬州大学旅游烹饪学院及江苏省商业食品学院兼职教授，外交部厨师考核专家委员会委员，中国食文化研究会餐饮专家副主任委员。

　　源远厚重的历史、文化是"宜帮菜"发展的灵魂。在历史发展长河中，宜兴人民历来崇尚"耕读传家"，因此人文荟萃。宜兴菜也有着深厚的历史内涵和文化底蕴。

　　"宜帮菜"品种千呈，佳肴层出，美不胜收，书之不尽。千百年来尽显淮扬风范：选料严谨，刀工精细，烹制考究，因材施艺，四季有别；擅长炖、焖、煨、蒸、炒、烧、煮、烩、汆，注重调汤，讲究餐具，注重造型，保持原味；咸中带甜，淡而不薄，浓而不腻，浓淡相宜。土产多、菜肴鲜、味道佳、餐具古，同时对邻帮菜采取了消化、吸收、融合、创新。

李 亚

中国烹饪大师，浙江烹饪大师，东方美食首届青年烹饪艺术家，2004年度东方美食最受瞩目青年名厨，第六届中国烹饪世界大赛个人特金奖，中国烹饪协会"中华金厨奖"，亚洲美食厨皇联合会管理金章荣誉，2012FHA新加坡国际御厨中餐宴席争霸赛唯一最高奖"最佳御厨奖"。出版有《创意江南菜》《中国创意融合菜》等多部烹饪著作。江南名厨专业委员秘书长，世餐协青年卓越会副主席兼秘书长，探索者国际（香港）酒店管理有限公司总经理。

　　宜兴的美，美在景，也美在食，宜帮菜美食是一扇开启宜兴文化风景的窗，它承载传统陶都文化的底蕴，富含时代创新元素，特别是近几年在爱好宜帮菜餐饮人的共同努力下，宜兴美食与陶瓷美器完美结合，相得益彰，提升了宜帮菜的价值，丰富了地方特色。

　　宜帮菜是江苏菜系中的一枝奇葩，在历史传承中形成了鲜明的地方风味个性，而且也形成了独到的文化特征。宜帮菜在传承中创新，在创新中发展，涌动于民间，扬名于全国。

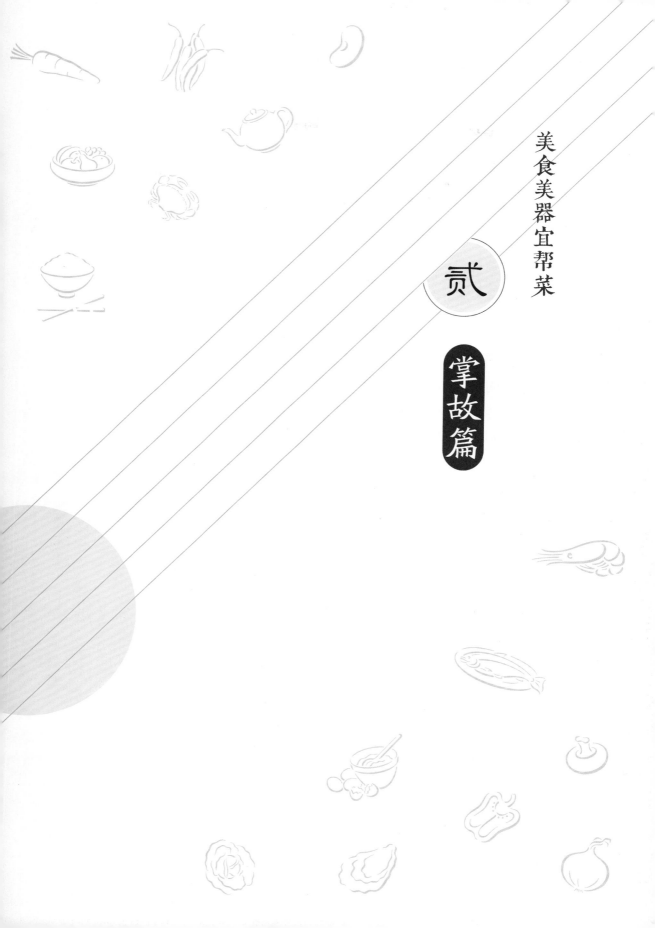

美食美器宜帮菜

贰

掌故篇

汽锅双味

波上轻舟波下痕，
翠堤酒旗绕水村。
壶隐妙手出双味，
石霞紫气焖鸡豚。

　　陈鸣远，字壶隐，清康雍时人。擅制壶，尤擅以紫砂作炊烹之器。一日，浙人杨忠讷乘舟来访，趣求鸡豚汽熟之味，唯忌铁镬油浆之烹。远略以思，以紫砂制汽锅，汽柱居中，上覆锅盖，置鸡豚其中，以汽焖蒸。至熟启盖，香气扑鼻。讷愕然，赋诗以记之。

咸肉煨笋

鲁敬亮节有竹风，
不畏高丽以死菜。
强胡牢下需明志，
咸肉烹笋证唐雄。

蒋俨，字鲁敬，唐贞观时人。太宗欲伐高丽，使俨赴往。高丽囚之，以死迫降，俨不从，厉声曰："吾乃大唐使者，何必以惧吾？吾乡义兴多竹，少时常食腌肉烹笋。今吾心如笋，身陷胡牢，与腌肉无异，何不烹我，以全我心志？"高丽人闻之，无不怯退。

砂锅横山鱼头

季隐临湖夜熬灯，
砂锅落灶动鲢鳙。
鱼头汤里忽得悟，
水需纵泻山必横。

　　单锷，字季隐，北宋人，世居宜兴滆湖之畔，撰《吴中水利书》，尽述治理太湖水患。苏轼知杭州，至宜兴访锷，二人湖边对坐，月下对饮，家童垒灶置釜，以湖水烹鳙首。锷视锅水激沸，忽有所悟，曰："山当横卧，水当纵泻。"轼叹曰："季隐语出惊人。"

盘龙痴虎

阳羡忠侯属蒋门，
江山破碎血犹喷。
心在赵家盘龙地，
身如痴虎震金人。

　　蒋兴祖，宋人。靖康元年，金兵攻破汴京，徽、钦二帝被掳北上。是时，兴祖任开封阳武知县，友人劝其携家眷南逃，兴祖曰："吾世代食赵家奉禄，自当以身殉国，方不辱一世名节。"其官兵有通敌者，兴祖尽斩不恕。金兵破城而入，兴祖力战，数次退敌，终因寡不敌众，战死，家室尽亡。乡人闻讯曰："忠勇如痴虎也。"后世烹盘龙痴虎，以祭兴祖。

腻蟹糊

许氏三兄手足亲，
分家让产感乡邻。
骨肉依连孰能解，
蟹羹作糊岂清分？

许氏武、晏、普，东汉三兄弟，早年父母双亡，兄武
养二弟成人。武有才学，朝廷重用，为官数年，终因牵挂
晏、普二弟，辞官归里。将家产三分，自得最好田舍，二
弟不及其半，乡邻愤愤不平。二弟认为合理。汉明帝即
位，广招贤德，阳羡太守早知晏、普分家让产之风，力荐
朝廷。帝嘉其贤德，皆兴为孝廉，封任内史，后皆位列九
卿，众始感悟许武用心良苦。三兄弟皆亡故，立许宗祠，
每年祭日，乡邻烹腻蟹糊，以祭许家三兄弟。蟹糊者，与
谐和谐音，以之象征许门三兄弟亲情和谐，如蟹羹胶着，
彼此难分。

滆湖清水蟹

少年无束野性狂，
凶拳悍气横行乡。
滆叟一盘清水蟹，
惊心动梦寻陆郎。

　　周处，字子隐，西晋人。处幼时，父周鲂早亡，故无人管教。恃强凌弱，横行乡里，乡邻惧憎。一日，处行市间，见路人面带忧色，不解。行至滆湖边，见一叟烹蟹。近而问曰："乡邻忧郁，何故？"叟曰："世有三害，故忧。"处问三害，滆叟吟曰："南山恶虎长桥蛟，另有周处惹人恼。"处大惊。蟹熟，滆叟请处共食，并谓处曰："蟹者，八爪二螯，平日横行，入水而烹，何如？"处大悟，暗悔往行而泣。滆叟曰："过而能改，善莫大焉。汝可杀虎斩蛟，为民除害，赴吴郡，寻陆云，拜师读书，民必爱汝。"处依计而行，终得民爱，乡邻常以滆湖清水蟹送处，暗警其行。

野蒜炒蛋

筑路修桥自出银，
疏财赈难动龙心。
富贵从来因奢败，
野蒜烹卵警王孙

　　邵灵甫，北宋仁宗年间宜兴富豪，一生善行好施，修桥筑路，疏浚河道，灾年每至，赈济乡邻。其历历善举传至朝廷，仁宗深受感动。庆历年间，仁宗派御使携东宫太子至宜兴，表彰邵灵甫济民有德，赈灾有功。御使携太子潜行至邵府，见甫正用膳，而甫未觉人来。甫食甚简，一菜一羹耳。至近，见羹乃青菜羹，菜乃野蒜炒鸡蛋。太子大惊曰："富甲一方，用膳至简，何也？"甫闻声，惶恐而起，曰："俭以积富，善以积德。天赐野蒜，美味自得。"太子深感其言，曰："足警王孙也。"

雁来蕈

塘前雁影报秋来，
草葺香菇绕周宅。
酱卤珍馐天厚赐，
味袭止庵诗意开。

　　周济，字保绪，晚号止
庵，宜兴丁蜀汤渡人，生活
于清嘉庆至道光年间，乃当
时常州词派中坚人物。少年
既有诗才。所住宅舍四周尽
是松林，蕈菇遍野，甚得周
济之欢。周济每食之，后必
诗兴大发。所发之诗，必有
"雁影"之词，尤以"云头
雁影渡秋塘"最妙，遂有
"雁来蕈"之味以纪周济。

宜兴炙骨

面相柔和心胆坚，
爱民如子憎匪蛮。
公廷只盏扎骨肉，
喻尽云龙毕生贤。

路云龙，明代宜兴人。万历八年中进士，为人温和，沉默寡言，但处理政务很执着，为民除害手不软。他任思石（在今贵州）地方官时，恰逢思石山匪反叛，并攻破城池。云龙誓死不降，后施巧计，反攻山匪，捉拿山匪魁首杨应龙，斩首示众。大帅刘公廷认为当地百姓对山匪长期依赖，想要全部屠杀，云龙坚决反对，最后百姓得免。公廷命衙厨烹糖醋排骨一菜，送予云龙。云龙尝后，淡淡一笑，众人不解。告与刘大帅，大帅叹曰："此菜之表为肉，其味酸甜柔和；此菜之里为骨，质硬且方。我以此菜比喻云龙心性，云龙聪慧，他尝后便得悟了。"

糟扣肉

一坛酒糟一坛春，
糟香满院惹毕臣。
灵飞神动糟扣肉，
高论美味出画魂。

　　周毕臣，清道光、咸丰年间宜兴周铁镇人，常州派山水画重要代表人物之一。擅饮酒，无酒不成诗画，故时人谓之"画中酒客"。一日，他应邀至丁山白宕葛氏家赴宴，入葛氏院内，闻到浓浓酒香之味。近前寻视，见葛家楼之窗下置一酒坛，打开看去，尽是酒糟，问葛氏："何以只剩酒糟？"葛氏戏曰："毕臣今日无画作，唯酒糟耳。"毕臣曰："糟亦美味，化腐为奇，乐莫大焉。"葛氏疑其言。毕臣曰："家有肉耶？吾以糟制馔。"葛氏家厨为其备材，毕臣取碗一只，将五花肉切片叠至碗中，以酒糟堆其上，配以姜盐佐味，置笼蒸熟，倒扣盘中登席。顿时浓香满堂，众皆愕然。毕臣曰："制馔，作画，一理也。菜需有形，画须有韵；菜需有香，画须有气。香溢形出馔之道，气韵生动画之魂。"一时兴起，挥毫泼墨，作《山市晴岚图》，众无不叹服。后人谓此画曰"一糟扣肉香形，百世画论精神"。

绿苴头团子

张公洞底遇仙人，
讨食青泥味芳馨。
偷入世间变石砺，
从此绿团走凡尘。

唐人有姚姓书生，一日入阳羡张公洞，遇两仙对弈，坐而旁观。仙人见其面有饥色，示意其所坐石下有青泥，美味也。姚取而食之，果然。又偷取入怀。须臾离洞。取怀中青泥，皆变成绿石。忽闻耳边有仙人之音："洞中青泥，龙食也，不可见日。汝动邪念，当受天罚。念你一介书生，可自制青泥以飨阳羡百姓。"姚谢恩，急问曰："以何为制？"仙人曰："天青地白草，糯硬两相揉。"姚顿悟，以苎麻叶和生石灰相叠，存入瓮中，至年底，取以和糯米粉、粳米粉，裹馅成团，以飨乡里。人称绿苴头团子，以征龙食。自此，龙食大行阳羡。

芳庄羊肉

蒋公苏轼共登科，
蜀山耕读日蹉跎。
月照轻舟横古渡，
芳庄羊肉顾东坡。

苏轼于北宋嘉佑二年与宜兴蒋之奇、单锡同科及第，蒋之奇常向苏轼介绍宜兴胜景，并约他到此游玩。熙宁四年（1071），苏轼初来宜兴，对此地名胜风景甚为喜欢。元丰八年（1085），苏轼定居独山，因自是蜀人，故又更名为"蜀山"。蒋之奇擅烹羊肉，常约苏轼共品。一日，苏、蒋共饮，蒋之奇所烹羊肉尚在釜中烹制，然香味已出。苏轼略思，将野笋数片丢入釜中。须臾，羊肉熟，蒋尝过大惊道："美味尤奇，何也？"苏轼曰："笋鲜夺膻也。"此后，此菜大兴于宜兴，而芳庄所制最佳。

宜兴头菜

御前操刀第一厨，
平材奇艺胜千夫。
满宫美馔屈此味，
宜兴遂得全家福。

　　任小园，清宜兴人，乾隆年间御厨。是时，帝出巡回宫，腹饥欲食，小园急入膳房，取现材数品，急烹成馔。帝美其味，兴求馔名。小园不知，适逢前日与家人趋寺敬香，脱口谓之"全家福"。帝命为御膳，更赞小园厨艺高妙。至小园晚年，封光禄大夫。后小园衣锦还乡，将此馔传入宜兴。今宜兴人每逢年节及婚庆喜事，必以"全家福"为宴之首上之馔，习称"头菜"。后世遂以"宜兴头菜"誉其美。

素珍鼎

秉承天命定僧纲，
阳羡寺馔立初云。
法云首制素珍鼎，
从此佛门断荤香。

　　法云，南朝齐梁年间阳羡名僧，周处第七代世孙。传经解义，深悟佛法，甚为梁武帝器重。梁天监初年（502），武帝命法云拟定僧制，法云受命，明确了僧尼不茹酒肉的饮食制度。后来梁武帝宣布的《断酒肉文》就是这一基础上之结果。宜兴因法云立素之制而成为寺院菜之发祥地，素珍鼎乃是法云为实践僧制而烹制的第一款寺院菜。

美食美器宜帮菜

叁

传承篇

组织机构

宜兴市烹饪学会

宜兴市烹饪学会成立于1987年，为振兴宜兴餐饮业的发展，以及青年厨师、服务员的成长创造了良好条件。学会长期以来与市人力资源和社会保障部门、市总工会合作联合开展厨师、服务员的技能培训、晋级、授予称号等工作。2010年，宜兴市旅游园林管理局、宜兴市烹饪学会共同出版了《宜兴菜典》。学会先后举办三十多届美食烹饪技能大赛，厨师、服务师、营养师培训班50多期，并认定了一批"宜兴烹饪大师"和"宜兴烹饪名师"。学会现拥有"高级烹饪技师"卢华堂、陈达勤、宗继锋、周敏杰、陈志鸿、孙建良、朱辉星7人，"中国烹饪大师"陈达勤、周敏杰、孙建良、雍承权、戴浩5人，"中国烹饪名师"宗继锋、王胜2人，"全国餐饮服务技师"1名，"江苏烹饪大师"16名，"江苏烹饪名师"14人；"江苏餐饮名店"5家，分别是宜兴市陶都大饭店有限公司、宜兴国际饭店、宜兴大酒店、宜兴市新贝斯特大酒店、宜兴市禄漪园国际大酒店。

宜兴市旅游饭店分会

宜兴市旅游饭店分会隶属于宜兴市旅游协会，成立于1998年，联合了全市各大宾馆、酒店等餐饮业骨干企业，起步早、起点高、影响大。饭店分会共有会员单位26家，会长由竹海国际会议中心董事长徐肇来担任。饭店分会对餐饮服务行业的经营、管理与发展提出了具体的指导意见和工作措施，行业自律、诚信经营、规范服务、标准化管理等得到会员单位一致响应。

宜兴食文化研究会

宜兴食文化研究会在中国食文化研究会的指导下成立。首届理事会议于2016年1月28日召开，会议通过了宜兴食文化研究会章程、机构职能以及领导组织机构、理事单位。研究会特邀人民大会堂国宝级国宴大师周继祥和中国食文化研究会餐饮文化委员会执行会长兼秘书长朱永松担任顾问，同时联合了宜兴文化界、餐饮业、陶瓷行业、媒体代表。研究会主要负责组织专家学者系统深入研究宜兴食文化的历史、现状和发展趋势，以及宜帮菜的传承与创新。

王忠东

朱丽群

史俊棠

黄亚云

中国宜帮菜研发中心

中国宜帮菜研发中心旨在利用宜兴独特的山珍、湖鲜、荟萃资源，挖掘整合传统菜肴，注入现代烹饪元素，全力创新宜帮菜。2015年10月，2015中国宜兴国际陶文化节"紫玉金砂杯"宜帮菜美食美器大赛暨亚洲国际厨神挑战赛开幕式上，"中国宜帮菜研发中心"隆重揭牌。2016年1月，授牌首批"中国宜帮菜研发中心实践基地"：宜兴大酒店、云湖国际会议中心、禄漪园国际大酒店、国际饭店、紫砂宾

馆、开元精舍、陶都大饭店、丁山国际大酒店、盛世桃园酒店、汎悦沐心香村主题度假酒店、新芙蓉大酒店、篱笆园农庄。（盛世桃园酒店和宜兴中专合作成立"宜帮菜陶醉中国宴研发中心"）

美食美器宜帮菜

叁

传承篇

赛事活动

2014宜兴宜帮菜美食大赛

2014宜兴宜帮菜美食大赛于2014年10月20日在湖㳇镇成功举办，是由2014宜兴宜帮菜美食文化节组委会主办的美食文化交流盛会。大赛围绕宜帮菜独有的"山珍""湖鲜""荟萃"三大主题，以宜兴本地食材为主，进行团宴展示和个人自选菜比赛。由中国食文化研究会、江苏省烹饪协会等5名"专家评委"和20名"大众评审"组成评审团，23家团体与59名个人参与，评选出绿缘竹筒咸肉笋、砂锅鱼头等十大金牌菜，团体宴席特金奖，金奖及宜帮菜特色菜。

2014宜兴宜帮菜美食大赛以"原色、原汁、原味"宜帮菜为主题，旨在打造自有美食品牌，展现"营养、口味、健康"的饮食文化。此次大赛成功推出了"宜帮菜"的餐饮文化概念，完美呈现了宜兴菜肴的美味、韵味、品味，打响了宜兴"宜帮菜"美食品牌。

2014宜兴宜帮菜美食大赛

十大金牌菜

1 金蝉脱壳　新芙蓉大酒店
2 金汤银鱼扣　禄漪园国际大酒店
3 绿缘竹筒咸肉笋　绿缘山庄
4 山林秋果炖竹鸡　竹海国际会议中心
5 干焗山珍　800饭店
6 蟹粉文思豆腐　云湖国际会议中心

7 雁来蕈烧黄雀　丁山国际大酒店
8 宜帮红烧肉　花果山开心农场
9 砂锅鱼头　横山鱼头馆
10 百合金栗白菜　盛世桃园酒店

2015 "氿悦沐心香村杯"素博会素食美食大赛

2015年4月27日，由西渚镇人民政府、宜兴市旅游园林管理局、宜兴市宗教局联合主办的2015 "氿悦沐心香村杯"素博会素食美食大赛在氿悦沐心香村主题度假酒店成功举办。全市共有34家餐饮企业选送了45个菜品参加比赛，并现场进行团体素宴展示。大赛评出佛家金瓜盅、鸟语花香等十大经典素食，爱琴岛大酒店的"享受绿色生活宴"、盛世桃园酒店的"陶醉中国宴·素食"、江苏云湖国际会议中心的"云湖大觉宴"、沐心香村主题度假酒店的"沐心素食宴"被评为优秀奖。

通过本次大赛，游客在亲近自然、欣赏美景的同时，品位素食文化的内涵、领略绿色生活的真谛；在追求健康、追求幸福的同时，更有力地促进素食文化的广泛传播，推动绿色生态理念的深入人心。

2015"氿悦沐心香村杯"素博会素食美食大赛

团体素宴优秀奖

"享受绿色生活宴" 爱情岛大酒店

"沐心素食宴" 沐心香村主题度假酒店

"云湖大觉宴" 云湖国际会议中心

"陶醉中国宴·素食" 盛世桃园酒店

2015 "氿悦沐心香村杯" 素博会素食美食大赛

十大经典素食

1　佛家金瓜盅　花园豪生大酒店
2　鸟语花香　云湖国际会议中心
3　正中养生全家福　正中假日酒店
4　素雅集　宜兴大酒店
5　顶汤罗汉斋　荆溪宾馆

6　福禄土参　宜兴宾馆
7　牡丹蟹粉　沐心香村主题度假酒店
8　云水禅心　盛世桃园酒店
9　地衣葛粉虎皮蛋　禄漪园国际大酒店
10　五彩养生水晶饺　新芙蓉大酒店

2015中国·宜兴国际素食荟

2015年4月29日至5月3日，在云湖国际会议中心成功举办2015中国·宜兴国际素食荟活动，同时进行宜兴素食产品展和中外素食团宴展。本次国际素食荟由中国食文化研究会、中国禅茶协会、中国素食协会、江南名厨委员会联合主办，宜兴市旅游协会、宜兴市烹饪学会、云湖国际会议中心承办。特邀国际顶级烹饪大师，国内资深素食专家学者，通过打造素食展示和交流平台，鉴赏国际高端素食，品味蔬食美馔，探讨素食生活、健康养生，感受舌尖与心灵的碰撞，推动宜兴素食文化交流与合作，扩大素食文化影响。

来自韩国、日本、九华山、无锡等地8家美食团队进行一场独特的素食比拼。国际顶级烹饪大师、国内资深素食专家学者聚焦素食荟，现场评选素宴名品，评出并表彰了一批"健康素食企业""素食好产品""优秀组织奖""素食团体金奖"和"素食团体特金奖"。宜兴当地各个乡镇特色的美味素食，包括野百合、乌米饭、春笋、板栗等特产供现场观众品味欣赏。

本届素食荟集展示、竞赛、交流、研讨于一体，内容丰富、平台开放，深度演绎、多元呈现素食文化精髓，为广大素食文化爱好者与宜兴架起了一座"素食文化"的桥梁。本次素食荟是中外及周边城市素食的大荟萃，集中展示素食文化，丰富游客的视觉、味觉，使游客既能看到国际高端素食，又能亲自品尝特色素食，满足了游客对素食餐饮的需求和期待，宣扬素食产品，丰富了"茶禅四月到宜兴"旅游季活动，使宜兴旅游季更加深入人心。

2015中国·宜兴国际素食荟

健康素食企业奖

2015中国·宜兴
国际素食荟
"健康素食企业奖"

宜兴市
海晟食品
有限公司

宜兴市
坂直食品
有限公司

宜兴市
大地春农产品
加工有限公司

无锡市
新锦源菌业
科技有限公司

宜兴市
官林益民
食品厂

2015中国·宜兴国际素食荟

素食产品展优胜奖

樱桃番茄
宜兴市真蔬椿农品
远望合作社

笋干
宜兴市天鸿开元精舍
酒店有限公司
★★★

隆元大米
宜兴市粮油集团
大米有限公司

小番茄
宜兴市展希缘
菌业有限公司
★★★

2015中国·宜兴国际
素食荟素食产品展
"优胜奖"

菜耕谈
有机蔬菜
宜兴市蓝山湖
农庄社

俏佳丽
红枣
无锡市俏佳人
食品有限公司

玫瑰
系列产品
江苏悦禧玫瑰
有限公司

芦笋
宜兴市盛利果品
专业合作社

2015中国·宜兴国际素食荟

素食好产品奖

2015中国·宜兴国际
素食荟
"素食好产品奖"

宜兴百合

宜兴市甲有农林
生态园

鸟米饭

湖汶绿缘山庄

金丰玉米

宜兴市金丰农产品
有限公司

陶都
水芹

宜兴市丰汇水芹专业合作社

豆腐干

宜兴市和桥慈圣食品厂

豆腐干

宜兴市和桥龙泉食品厂

林姑精品
雁来蕈

宜兴市红果果食品有限公司

2015宜帮菜职工技能大赛

为进一步打造和推广宜兴宜帮菜品牌，提高我市旅游餐饮业的烹饪技能，提升旅游业整体服务水平，2015年5月29日在宜兴大酒店举办了"2015宜兴宜帮菜职工技能大赛"，大赛由市2015年职业技能大赛组委会主办，市旅游园林局协办。这是在正式提出"宜帮菜"这个全新概念后，为更好挖掘出"宜兴味道"，展示宜兴美食特色而搭建的推广和创新"宜帮菜"新平台。

来自我市城区及各镇（包括徐舍、丁蜀、和桥、太华等）的28家餐饮单位近100名选手参加比赛，成为星级饭店、社会餐饮饭店与乡村农家乐选手间的精彩PK。大赛分宜帮菜团体宴展示赛和个人技能比赛两部分，个人技能赛中分别对指定菜"青椒鱼片"和自选菜进行考评，由扬州大学烹饪学院、宜兴市旅游协会、宜兴市烹饪学会等7位教授、业内专家组成专业裁判组，评选出宜兴盛世桃园"陶醉中国宴·山水"、篱笆园乡村宴等团宴展示优秀奖7名，横山鱼头、春色满园等个人赛优秀奖9名。本次大赛进一步推动宜帮菜加工制作技艺的传承、厨师的培养以及菜肴的创新，挖掘和展现宜帮菜丰富的内涵。

团宴展示优秀奖

1 **篱笆乡村宴**　篱笆园农庄

2 **陶醉中国宴·山水**　盛世桃园酒店

3 **阳羡风情·氿龙养生宴**　氿龙国际大酒店

4 **宜帮家乡味 香飘满天下**　金凤凰大酒店

5 **茶文化风情宴**　阳羡茶文化园

6 **百花齐放宴**　正中假日酒店

7 **沐心佳宴**　沐心香村主题度假酒店

香瓜鳝鱼丝

2015宜帮菜职工技能大赛

个人赛优秀奖

1	香瓜鳝鱼丝	陈　华	沐心香村主题度假酒店
2	昂公面疙瘩	冯亚军	盛世桃园酒店
3	春色满园	饶栋森	云湖国际会议中心
4	荆溪双脆	谢　明	宜兴宾馆
5	横山鱼头	袁志洪	横山鱼头馆
6	花果山茶香豆腐	范君洪	花果山开心农场
7	周处鱼头	王　红	盛世桃园酒店
8	茶园禅趣	杨　林	云海间度假酒店
9	山水相映	周旭锋	陶都大饭店

2015 中国·宜兴国际陶文化节 "紫玉金砂杯"宜帮菜美食美器大赛 暨亚洲国际厨神挑战赛

2015年10月18日至20日，作为2015年陶文化节重要板块之一"陶行阳羡 —— 金秋十月醉陶都"五大旅游活动之一，合作世界中餐名厨交流协会、中国食文化研究会、亚洲国际烹饪联合会、江南名厨委等国内外餐饮组织，为传播宜帮菜新形象造声势、扩影响，来自30多个国家300余名厨界精英荟萃，在紫砂宾馆成功举办了以"亚洲之光，美食无界；健康生活，魅力宜兴"为主题的"2015中国·宜兴国际陶文化节'紫玉金砂杯'宜帮菜美食美器大赛暨亚洲国际厨神挑战赛"。这是本市首次举办的以"陶艺"和"厨艺"碰撞，"美食"与"文化"结合的亚洲餐饮界"顶级"挑战赛。国内外餐饮界的行业泰斗、领头人等以及国内外60多家参展企业，国内外媒体朋友共同参与大赛活动。

大赛分国内外32个团体赛与80个个人赛两项，比赛历时一天半。在团体赛中，宜兴紫砂宾馆"江南情·乡韵"获得亚厨神挑战赛总亚

军，宜兴盛世桃园大酒店"陶醉中国宴"获得宜帮菜团体赛金奖，宜兴大酒店"宜兴味道"、篱笆园"秋季养生宴"获得宜帮菜团体赛创新展示奖。在个人赛中，荆溪宾馆的靓汤罗汉斋、花果山开心农场的宜帮红烧肉等8道菜获得特金奖；板栗莲藕酥、南瓜茶壶炖盅等13道菜品获得金奖；江苏省陶瓷研究所、碧云青瓷、中国陶都陶瓷城、葛记陶庄获得美器展示金奖。

　　该赛事活动，不仅充分展示了宜兴丰富的地方食材、宜帮菜经典菜肴、陶文化特色美器，以及国外灿烂的美食文化和巅峰的烹饪技艺，也旨在加快适应旅游业蓬勃发展的步伐，促进宜兴餐饮业的国际交流合作，满足八方游客与日俱增的美食追求，通过高密度、高规格的系列赛事活动，提升宜兴宜帮菜品牌影响。

美器展示金奖

"紫玉金砂杯" 宜帮菜美食美器大赛

特金奖

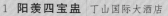

"紫玉金砂杯"宜帮菜美食美器大赛

金奖

3

6

7

8

10

2016 "素食禅心　品味生活" 主题活动

2016年4月28日至5月3日期间，大觉寺素博会C馆开展了以"素食禅心　品味生活"为主题的素食展示、品尝、交流活动。来自青岛、上海、安吉、南昌、广东等地的5家素食企业，以及篱笆园农庄、盛世桃园酒店等5家宜兴本地企业，向游客展示了各地不同的特色素食。素食专家、参展企业家进行健康对话，共同探讨，一起畅谈素食禅心。

历届宜兴餐饮博览会

　　宜兴餐饮博览会由市旅游园林局、宜兴日报和市商务局等部门联合举办，2013年以"生态、绿色、环保、放心"为主题，旨在打造厨艺交流的平台，全面展示我市餐饮行业的发展成果和特色，弘扬和传播美食文化。2014年、2015年均以"大众餐饮、绿色消费"为主题分别举办了"'碧桂园杯'2014宜兴餐饮博览会"和"'新景花园杯'2015江苏宜兴餐饮博览会暨第六届江苏乡土风味烹饪大赛（宜兴专场）"。通过活动遴选并培育本地名菜60道、名点15道、名宴35个、名小吃30个，打造宜兴地方餐饮品牌，传播特色餐饮文化，扩大宜兴餐饮的知名度，并通过餐饮业的发展来进一步提升流通业对周边地区的集聚能力，以及旅游业对游客的吸引能力。

美食美器宜帮菜

叁

传承篇

高峰论坛

2014宜帮菜文化研讨会

2014年10月19日，宜兴宜帮菜美食文化节组委会在宜兴竹海国际会议中心举办首次宜帮菜文化研讨会，来自中国食文化研究会、扬州大学烹饪专家，以及我市餐饮界、旅游界人士，集合宜兴的生态人文和餐饮特点，围绕什么是宜帮菜、如何打造宜帮菜品牌等问题，共同献计献策；围绕宜帮菜健康食材的市场源头监管、加工制作技艺的传承、厨师的培养、菜肴的创新和品牌的注册等问题，畅谈独特见解。

2015中国·宜兴国际素食荟暨素食专家高峰论坛

2015年4月29日，宜兴国际素食荟暨素食专家高峰论坛在云湖国际会议中心举行。《素造心生活》栏目及其主持人走进素食荟，主持"素食与生活"高峰论坛，中国食文化研究会会长、中国佛教协会常务理事常大林、清华大学素食专家教授、著名素食理论研究专家蒋劲松围绕"素食与生活"进行讨论，资深专家学者与现场观众交流素食理念，探讨素食生活、健康养生，传递最新素食文化，一起畅谈素食、素心、素生活。

2015亚洲国际餐饮陶都论坛

在"紫玉金砂杯"宜帮菜美食美器大赛暨亚洲国际厨神挑战赛期间，举行了亚洲国际餐饮陶都论坛，国内外餐饮品牌大师、专家及餐饮经理人200多人相聚一堂，共同探讨了国际餐饮发展趋势及宜兴美食美器发展之路，指出宜帮菜可以在紫砂陶盛器上发挥独特优势，一定要和宜兴的陶瓷紧密结合，美食、美器相得益彰。

2016美食美器宜帮菜研讨交流会

2016年3月28日，美食美器宜帮菜研讨交流会在宜兴花园豪生大酒店举行。世界中餐名厨交流协会会长李耀云、中国徽菜文化大师鲍兴、中国药膳大师焦明耀、扬州大学旅游烹饪学院副教授马健鹰、世纪儒厨朱永松、资深饭店管理专家龚剑锋、江南名厨委员会成员李亚、顾琪伟等资深烹饪专家、教授为提升"宜帮菜"莅临现场指导。马健鹰教授指出："宜帮菜"是以宜兴本土物产为主要食材来源，以宜兴历史传承至今的烹饪技艺为主干，以宜兴地方历史发展和民俗风情为文化底蕴形成的地方风味、菜肴体系。焦明耀、龚剑锋等大师认为，发展"宜帮菜"需要理论先行、发挥地域本色、挖掘宜兴历史文化名人、植入健康理念。李耀云、鲍兴等大师认为，"宜帮菜"需要不断创新、研发，在菜品品种、规模、制作方法、食用方法等方面形成体系，并且与宜兴独有的陶瓷紫砂相结合，才能真正称得上"美食美器宜帮菜"。

美食美器宜帮菜

叁

传承篇

培训交流

首届国宴菜
暨宜帮菜品研修班

2014年11月举办了为期三天的首届国宴菜暨宜帮菜品研修班。人民大会堂国宝级国宴大师周继祥、世纪儒厨朱永松大师领衔讲师团队，为全市主要旅游饭店（含星级饭店、星级农家乐）的总厨、厨师及企业经营管理者共30多人传授理论知识和实践技巧，并现场传授10道国宴菜品的详细讲解及制作：国宴用汤的制作、宜兴素珍鼎、宜兴奶香百合、芳庄烤羊腿、芳庄香酥羊排、芳庄美味年糕、乌米八宝饭、酸甜莲藕、芙蓉蟹黄豆腐等。

宜兴宜帮菜职工技能大赛专题培训

2015年5月19日，在宜兴中等专业学校举办了宜兴宜帮菜职工技能大赛专题培训。特邀扬州大学旅游烹饪学院副院长周晓燕、烹饪系副主任唐建华等专家为我市城区及各镇的星级饭店、社会餐饮单位、乡村旅游点的60多名餐饮工作者就运用本地食材创新宜兴特色菜品，传授中餐创意摆台及相关方面的知识进行授课。

跟着大师学美食
厨艺大课堂

2016年3月27日到29日，在花园豪生举办"跟着大师学美食"——美食美器宜帮菜研讨交流会暨第九期中国创意菜（宜兴）厨艺大课堂，特邀世界中餐名厨交流协会会长李耀云、中国徽菜文化大师鲍兴、中国药膳大师焦明耀、扬州大学旅游烹饪学院副教授马健鹰、世纪儒厨朱永松、资深饭店管理专家龚剑锋、江南名厨委员会成员李亚、顾琪伟为全市星级饭店、农家乐等传授烹饪技能和创意菜理念，并亲自上阵烧制了"香薰小黄鱼""雪中送炭""炒鸡米花""乌米扣肉""茯苓天冬烩虾仁""碧绿烩鱼圆""香脆鱼丝"等十多道创新"宜帮菜"。

大师、专家、教授亲临"中国宜帮菜研发中心实践基地"——盛世桃园酒店，体验宜帮菜现阶段研发成果，为宜帮菜下一步的研发、创新提供了宝贵的意见。

在美食美器宜帮菜春季菜品交流期间，大师们对学员制作的"蒲包清香乌米饭""阳羡汽锅三宝""蟹粉文思豆腐""周处鱼头"等宜兴传统春季菜品从制作、用料、器皿和实用价值等方面进行了精辟的点评。

美食美器宜帮菜

肆

美器篇

美器并美味共盛
陶艺与厨艺同辉

江苏省陶瓷研究所有限公司是由创建于1958年的江苏省陶瓷研究所改制而成，是集科研开发、咨询服务和生产经营为一体的现代科技企业。公司现有中高级专业技术人员70多人，其中有享受国务院颁发的政府特殊津贴专家、江苏省"333工程"培养对象和无锡市、宜兴市学科带头人等。公司下设6个部门、5个产业分公司；建有国家火炬计划宜兴无机非金属材料公共技术服务平台；建有江苏省陶瓷新型材料工程技术研究中心、江苏天裕陶瓷与耐火材料检测有限公司，宜兴陶誉科技创业服务有限公司等。

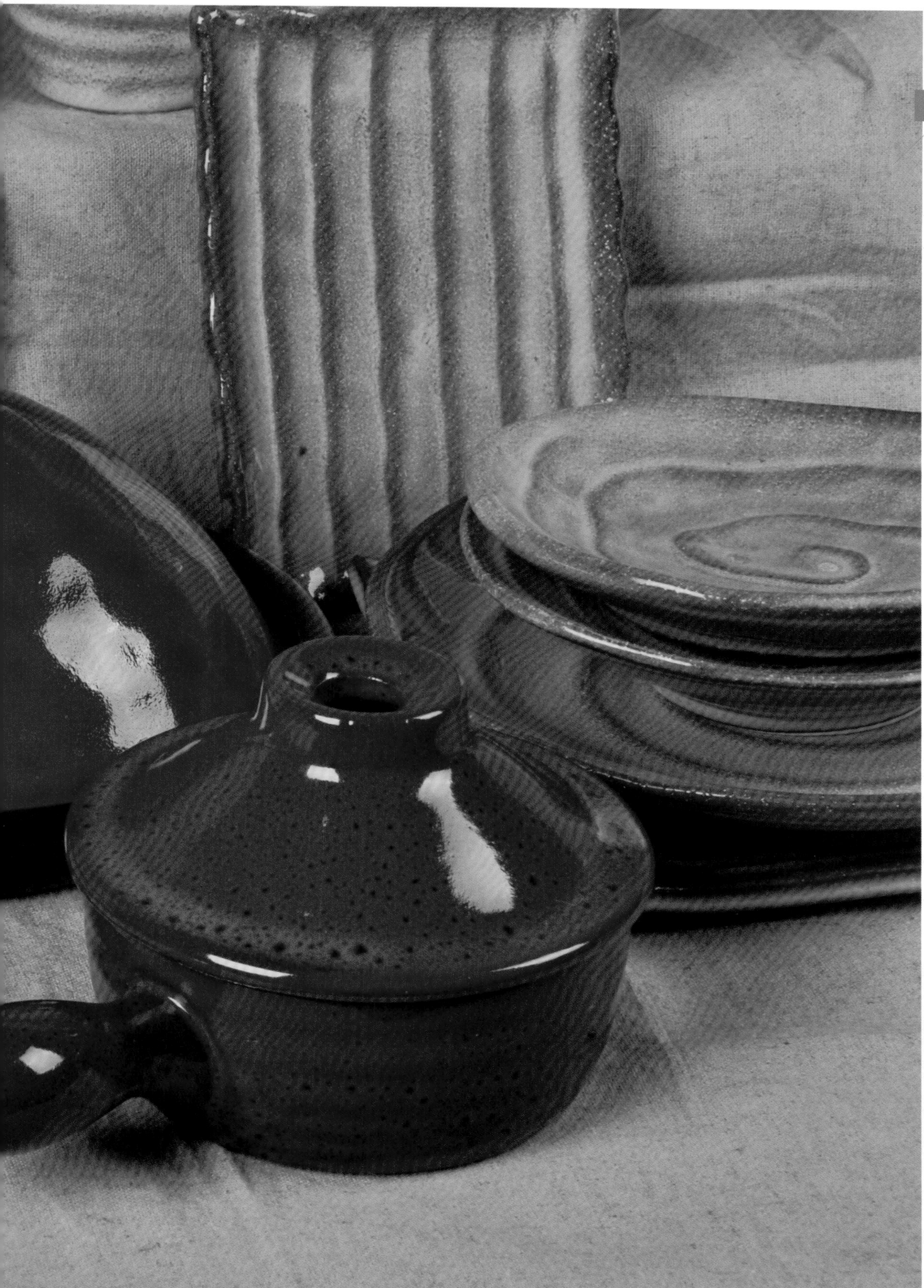

公司历年来共承担国家和部、省科技项目100余项，其中获部、省、市级科技进步奖45项，获国家和省优秀新产品奖（金奖）10余项，拥有国家发明和实用新型专利28件，是高新技术企业，江苏省陶瓷产品出口基地骨干企业。

日用陶瓷系列产品的研究、开发和生产一直是江苏省陶瓷研究所有限公司重点发展领域。建所以来，通过研究开发、技术服务和生产经营等途径，为宜兴、江苏省乃至全国日用陶瓷的发展作出了一定的贡献。

建所之初至上世纪70年代末，日用陶瓷主要以研究开发、技术服务为主，辅以生产些日用陈设陶瓷。主要科研成果有：宜兴青瓷的恢复生产试制及其工艺研究、日用硬质精陶的研制、精陶高温釉中彩和骨质瓷的研究等；小批量生产花釉陈设陶瓷及高档细瓷盖杯等。

上世纪80年代至90年代，公司在研究开发日用陈设陶瓷新产品的同时，逐步组织日用陶瓷的生产经营活动。主要科研成果和生产品种有：45头满青花成套餐具、高级成套细瓷工艺技术及设备、红炻器和紫炻器的研究、传统名釉陈设瓷的研制、STY-36型多孔陶质存放器的研制和规模生产等。

　　2000年以后，公司结合国际市场的需求，进行了和式陶瓷餐具和欧美成套餐具的开发研究，并形成了一定规模的生产能力。该系列产品的种类包括：盘类、碗类、杯碟类和茶具类；采用釉上、釉中、釉下和反应釉等装饰风格；装饰手段则使用浸、浇、刷和喷等多种方法，充分体现了该系列产品的美观高雅。同期公司还研发和生产了系列日用耐热陶瓷制品，分别有锂质、堇菁石和混合质等材质；耐热性分为一般耐热（$\triangle T \geqslant 280℃$）、高耐热（$\triangle T \geqslant 380℃$）和超高耐热（$\triangle T \geqslant 480℃$）等；产品用途分为耐热陶瓷炊具、耐热陶瓷餐具和其它耐热陶瓷制品等。古朴厚重的特点，给人以耳目一新的审美感受。

宜兴青瓷复见天
精美餐具魅无限

　　宜兴青瓷属于江南越窑派系，始于西周，盛于两晋。青瓷大都采用注浆成型，成型配体脱模后，经修坯干燥，施以青釉，经约800多摄氏度中温素烧定型，再经1300摄氏度高温还原焰釉烧，产品呈现"青中泛蓝"的宜兴青瓷特色。

1961年3月，江苏省陶瓷研究所和宜兴耐火电瓷厂即后来的宜兴青瓷厂，联合进行恢复试制青瓷这一古老品种，于1963年试制成功，当年就开发出60余个品种，产量36万件，翌年青瓷开始出口。至1966年，青瓷已发展到200多个品种，产品以日用品和装饰艺术品为主。1981年7月，宜兴青瓷首次远销美国，"东方的蓝宝石，精湛的碧玉器"之赞语由此而来。1987年，宜兴青瓷厂试制成功高档成套青瓷艺术餐具，首批产品进入了上海静安希尔顿酒店。这一阶段，宜兴青瓷在餐具创新设计上出现了空前繁荣，青瓷茶具、餐具、酒具等有1000多个品种。

改革开放后，国有的宜兴青瓷厂面临机制、市场、生产成本、管理等方面的严峻挑战，艰难支撑至上世纪90年代末，最终难以为继而宣告破产。

直至21世纪初，宜兴陶瓷界复烧青瓷。2010年，宜兴碧云青瓷有限公司成立，并逐步成为规模生产宜兴青瓷的专业工厂。碧云青瓷除继承古青瓷厚釉失透、青白结合等特色之外，特选宜兴独有紫砂原矿小红泥为釉中发色原料，生产出青中泛蓝的独有釉色，像出水芙蓉，清新可掬，如冰似玉，明丽高雅。在装饰上创造性地应用紫砂的篆刻、精陶的手彩、钧陶的堆贴、窑变、飞

红、重饰纹片等数十种工艺技术，在静态中寓以动态的韵律和节奏，使古老的青瓷餐具焕发出崭新的时代风貌，为宜帮菜的表现艺术添彩增色。

奇泽异色衬佳味
彩陶美食两相宜

江苏省宜兴彩陶工艺厂是一家有着150多年建厂历史，在古老彩陶基础上发展起来的著名老字号陶瓷企业。古老彩陶传承的技艺、浓厚陶文化底蕴的优势，为宜兴彩陶的传承发展创造了得天独厚的条件。经过百余年几代人的不断努力，宜兴彩陶不仅传承有序，而且技艺精进、脉络延绵。彩陶产品以其釉色绚丽、装饰独特、造型多姿、新颖实用，成为江苏乃至国内外具有浓郁陶文化特色的陶瓷品种，是陶瓷百花园中独树一帜的一朵奇葩，也是千年陶都的一种文化传承缩影。宜兴彩陶产品已形成日用陶、酒瓶容器陶、艺术陶等门类，在国内外具有较高的声誉，被人们称为宜兴陶都的"五朵金花"之一，1994年被列为江苏省首批受保护的艺术品种。2000年以来先后被列入宜兴市、无锡市、江苏省非物质文化遗产名录。2013年被无锡市商务局认定为首批无锡老字号。江苏省宜兴彩陶工艺厂现为无锡市老字号商会副会长单位，江苏省陶瓷行业协会副会长单位，中国陶瓷工业协会常务理事单位。

作为国内陶瓷行业中的百年老企业，宜兴彩陶工艺厂在一个半多世纪的发展历程中，彩陶产品在不断传承创新中发展，结合宜帮菜的特点，开发了一批具有时代影响的产品。据史料记载，在上世纪40年代生产的彩陶坛、罐、缸、盆类、砂锅等产品就销往国内10多个省市，出口到东南亚多国。民国时期在省内首家开发的卫生洁具产品，至上世纪50年代大批量销往南京、上海等大城市。

上世纪70年代运用各种装饰手法生产的泡菜坛、茶叶坛、工艺瓶类、动物类等彩釉细陶，以其强大的艺术感染力，成为宜兴陶瓷产品中首屈一指的品种，并在国际市场上崭露头角，畅销多个国家和地区。特别是上世纪90年代，宜兴彩陶随着时代的进步和发展，不断在传承中与时俱进。

在原来生产普通酒具的基础上，又在陶瓷企业中首家开发了适应中高档白酒盛装的"陶酒瓶"系列产品，该系列产品集观赏实用于一身，不渗不漏、天然防伪，被国酒茅台、五粮液、泸州老窖、郎酒、沱牌、人民大会堂、钓鱼台、宋河、杜康、西凤酒、汾酒、今世缘等国内几百家名酒企业作为首选包装，引领了中国酒业包装的新潮。又如生产的"日用陶"类的高耐热砂锅、食品罐、陶餐具产品，以其不炸不裂和耐酸、耐碱、不渗盐、古朴典雅等优良品质和性能，出口到日本、法国等国家，并深受各大宾馆、饭店、家庭的喜爱。特别是高耐热砂锅产品的开发，改写了宜兴砂锅"烧不断水"的历史，更能彰显宜帮菜的风味个性，突出宜帮菜中炖、焖类菜品的香气与浓郁度。该砂锅选用高耐热陶土等高档原料和先进的滚压技术生产，并运用彩陶技艺全手工装饰，是一种融陶瓷文化、饮食文化和科学技

术于一体的艺术餐具，为国内独家生产，其耐热性能经测试，砂锅干烧至锅内纸张燃烧，置于冷水中不炸不裂，性能优良，目前该砂锅作为天目湖、千岛湖等景区鱼头砂锅的优选产品。

在多年发展过程中，企业始终高举科技创新的旗帜，在省级陶瓷产业园区投资建设了一座新厂，引进了国内先进的自动成型注浆生产线等一系列新装备、新技术、新工艺，建立了省级陶瓷泥釉研发中心，并与南京工业大学、武汉科技大学等高校建立了"产学研基地"，拥有中国陶艺大师在内的各类技术人员100多名，通过了ISO9001质量体系认证和环保产品等认证，并参与了"陶酒瓶行业标准"的制订。产品先后荣获无锡市知名商标，江苏省著名商标，无锡市、江苏省受欢迎的旅游产品，江苏省新产品金奖，中国公认名牌产品，全国陶瓷评比金奖等百余个奖项，获国家发明及实用新型专利30多项。

匠心独具感天下
精陶美味共生春

　　精陶是一种表面施釉的多孔精致陶瓷制品，它集陶和瓷的优点于一体，既有瓷的晶莹细洁，又具有陶的坚韧耐用。

　　宜兴精陶厂于1962年开始试制硬质精陶。翌年7月，硬质精陶试制成功，并于12月通过省轻化工业厅的技术鉴定。当时，产品以盘类为主。1964年春，精陶产品首次进入国际市场。1966年，精陶厂开始生产成套餐具、茶具、咖啡具等，年产量362万件，年产值147.1万元，创利润24.7万元。1972年，精陶厂试制成功化妆土装饰新工艺，改变了原先的单一白色加贴花的状况，使产品颜色丰富多彩，永不褪色，产品的档次也由低档跨入中高档行列。为适应旅游事业的需要，从1979年起，精陶厂开始生产电热品锅、烤锅、饭锅以及碟子组合式等新产品。到1980年，精陶的年产量达1001万件，年产值412.4万元，创利润51.7万元。

　　1982年，"精炻器"餐茶具试制成功，产品具有强度高、不釉裂、铅溶度低等优点，适合于微波炉加热、蒸汽消毒和机械洗涤。1983年，成立精陶研究所，进行产品的研究和新品的开发工作。1983—1984年，精陶厂先后试制成紫炻器、化妆土精炻器、9头高脚组合餐具、高温品锅等新产品；同时还制成了精陶象形餐具，种类有龟、田螺、水牛、鲤鱼等动物形，以及白菜、橘子、寿桃、莲蓬等蔬果形。1985年，精陶产品向日用陶艺术化方向发展，制成了如意、蛟龙、白藕、鲤鱼跃浪等多种造型餐具配套件。

　　1987年，又试制成功了宜美铁瓷餐具等新产品。是年年底，精陶产品的种类已有成套餐具、刻花咖啡具、贴花茶具、象形餐具、彩色花瓶、文房雅玩、挂盘、彩盘、平盘、汤盘以及各种雕塑等陈设工艺品、日用工艺品等1000多个品种，年产量894.32万件，年产值742.79万元，创利润52万余元。由于产品质量的不断提高，许多作品在省以上的展评中获奖，并有多项产品获省优、部优产品奖。"银鱼牌"日用硬质精陶还被评选为国家礼品，产品先后被全国17个省18个城市的近百家宾馆、饭店采用。精陶象形餐具在英国女皇1986年访华期间的宴会上使用时受到贵宾们的高度评价。宜兴精陶厂经常组织产品参加国际性的展览（销）会，并根据国际市场的需求，研制了炀器系列新产品。宜兴精陶厂于1987年获得了省商检局、省轻工厅颁发的出口质量许可证，产品远销50多个国家和地区，年出口量155.96万件，出口值137.59万元，曾经获得江苏省优质产品称号的日用硬质精陶还被作为中国工艺品和国家礼品相继到美国、日本、毛里求斯、斯里兰卡和加拿大等国展出。

1995年，精陶厂顺应市场发展形势，改制为有限公司。目前，该公司正以崭新的姿态，沿着传承与发展相融的方向，阔步走向美好的未来。

集华夏陶艺精品
展宜兴陶瓷辉煌

中国陶都陶瓷城座落在美丽的太湖西畔 —— 江苏省宜兴市丁蜀镇（公园西路），这里已有7000年制陶史，是历史悠久、名满天下的中国陶都。中国陶都陶瓷城由江苏融达集团董事长、总经理石国松先生创意、策划并投资创办。该项目是江苏省、无锡市、宜兴市三级政府确定的"十一五"重点工程，江苏省宜兴市陶文化产业示范基地、宜兴陶都新十景之一，江苏省现代服务业集聚区、江苏省诚信经营示范市场、全国诚信经营示范市场、江苏省"正版正货"示范商业城、无锡市五星级文明市场、宜兴市文明市场、宜兴市诚信标兵单位、宜兴市先进市场、宜兴市服务业先进集体、宜兴市旅游先进集体、中国十大陶瓷市场。总规划用地66.7万平方米，总建筑面积58万平方米，总投资10亿元，2006年10月奠基，2008年11月正式开业。

目前一期工程30万平方米，1200套陶艺商苑和建筑面积达2.2万平方米的中国陶都陶瓷艺术国际博览中心已建成投运，繁华盛景已露端倪。城内长逾千米的明清风格的陶瓷文化商业步行一条街，青砖碧瓦、小桥流水、牌楼垂柳，尽显古典韵味，令人叹为观止、流连忘返。它将与中国宜兴陶瓷博物馆、古龙窑遗址公园一起，形成陶都古镇的三大特色旅游新景点。目前，中国陶都陶瓷城商贾如云、游人如织，正在申报国家4A级文化旅游景区。

中国陶都陶瓷城以陶文化为特色，不仅汇聚了宜兴以紫砂为代表的"五朵金花"，而且汇集了全国各大陶瓷产区的名窑名陶名瓷、名人名作名品，是中国最大的综合性陶瓷文化旅游商贸城。在这里皇家风范的青花，文人神韵的紫砂，青翠欲滴的青瓷，千变万化的钧瓷和形神兼备的各式雕塑等等，一件件艺术珍品，琳琅满目，美不胜收。

中国陶都陶瓷艺术国际博览中心是中国陶都陶瓷城里规模最大、档次最高的陶瓷艺术殿堂,它设计新颖、品位高雅、气势恢宏、富丽堂皇、设施先进、功能齐全,是古今陶都的标志性建筑之一。

该中心面积达2.2万平方米,共分三层,每层7000平方米。第一层为名闻天下的宜兴紫砂展销区和紫砂广场,共有宜兴紫砂陶艺工作室118间,还有1200多平方米的大型展馆,可承接和举办各种展览展评、交流拍卖等大型活动。第二层为全国各陶瓷产区陶艺精品经销区,目前浙江龙泉、福建德化、湖南醴陵、河北唐山、山东淄博、江西景德镇、广东潮州等十三大著名陶瓷产区已入驻经营,各类陶瓷艺术品、陶瓷礼品,各类餐具、茶具、咖啡具、板台餐具、酒店用瓷等日用瓷应有尽有。还有大师书画艺术工作室,有名闻遐迩的宜兴土特产、名茶美玉、体验式陶吧和名人书画等。第三层为陶艺珍品展示区,即"宜兴市国松艺术馆",按全国的陶瓷种类开辟了9个大师艺术馆,即青瓷馆、紫砂馆、

雕塑馆、国瓷馆、国际馆、景德镇艺术瓷馆、醴陵釉下五彩瓷馆、国松艺术馆等，大师艺术馆集中展示了全国的国家级、省级工艺美术大师、陶瓷艺术大师680多人千余件的精品佳作，这些稀世珍宝荟萃一堂，芳容玉韵灼灼生辉，在国内尚属首家。

中国陶都陶瓷艺术国际博览中心经营8年来，得到了各级政府和领导的高度重视、关心和支持，得到了市级机关各部门的帮助指导。8年来陶瓷城博览中心举办、承办、协办的各类活动达200多场次，包括2013年、2015年的第七届、第八届宜兴市国际陶瓷文化艺术节开幕式及各类展览活动都在博览中心成功举办。每年接待中外嘉宾约30万人次，接待从中央到地方全国各省、市党政代表团200多批次，已成为了我市对外接待交流的一个重要窗口。

美食美器宜帮菜

伍

食材篇

雁（燕）来蕈

山珍

肉质脆嫩，美味可口，是素肴中的上品，被誉为"厨中之珍"。宜兴山区野生的鲜蕈，呈深褐色，春天飞燕营巢时所采的名为"燕来雁"；秋天采摘时，恰逢北雁南归，称作"雁来蕈"。鲜蕈与蘑菇同类，含有大量于人体有益的物质，能调节人体新陈代谢，帮助消化，降低血压，减少胆固醇，荤素搭配皆宜。

乌饭草头 山珍

　　宜兴民间制作乌饭的南烛树叶（宜兴俗称"乌饭草"），主要生长在南部丘陵山区一带。乌饭草头经漂洗晾干后，放入石臼中捣碎。制作乌饭的米一般以糯米为主，掺入部分粳米，浸泡在捣碎的乌饭草头中一夜，蒸煮后香润可口。宜兴吃乌饭习俗历史悠久，《宜兴县志》亦有记载："四月初八吃乌饭，此日演戏称'乌饭献'。"

　　乌饭具有补益脾肾、止咳、安神、明目、乌发等功效，适宜体质衰弱者食疗调补，是最具宜兴地方特色的美食之一，同时也是宜兴民间创造的一项独特的民俗文化，具有鲜明的地方特色，并在宜兴周边有较大影响。

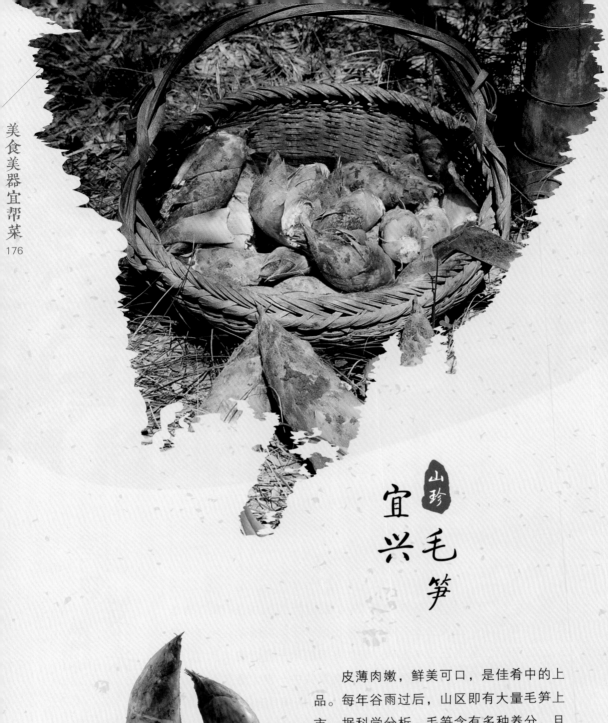

山珍

宜兴毛笋

皮薄肉嫩，鲜美可口，是佳肴中的上品。每年谷雨过后，山区即有大量毛笋上市。据科学分析，毛笋含有多种养分，且多纤维质，易消化，益肠胃，荤素食用均宜，炒煮烧炖皆成美肴。

竹鞭笋

山珍

宜兴产三种笋，春天、夏（秋）天和冬天各产一种。夏天生长的叫竹鞭笋，它在地底下横着长，因一直在地下横冲直撞，所以笋壳和肉质比春笋坚硬得多。鞭笋可供食用，但挖掘鞭笋会妨碍新鞭蔓延，影响孕笋成竹，需要严格控制，这也正是宜兴人喜食鞭笋而不大量采挖的原因。

笋干

山珍

　　笋干是宜兴食材中的珍品，常见的毛
笋干是将鲜笋剖开后煮熟，然后片成薄片
晒干，笋干的味道与原材、工艺、温度和
阳光都有着直接关系。在宜兴，"黄泥
拱"是晒笋干最好的材料。

板栗

山珍

又名大栗，富含淀粉、脂肪、蛋白质和多种维生素，营养丰富，香糯可口。可糖炒吃，也可做多种菜肴和点心的原料。用以煨鸡炖肉，鲜汁均渗栗中。甜食栗子羹、栗子蛋糕，既可口又滋补。

地衣 野蔬

地衣是宜兴山区常见的一种野蔬特产，因其贴地生长，故称"地皮菜""地衣"。它形似木耳，色似木耳，故又称地耳。宜兴山区农家将地衣采集起来，制成佳肴，宜兴百姓形象地称之为"刮地皮"。地衣含有丰富的矿物质与维生素，中医认为其有滋阴润肺、清热收敛、益气明目等多种功效，现代药理研究也证明，地衣用于食疗功效显著。

野蔬

马兰头

　　宜兴人习惯将马兰头称为"马兰"。据分析，马兰嫩茎叶含水分、钙、磷、铁、胡萝卜素、钾、维生素B、尼克酸等。中医认为马兰头有清热解毒、凉血止血、利湿消肿、明目之功效。

　　一开春，随着气温不断上升，马兰就"蹭蹭"地往上长。这种看上去不起眼的野菜，却是宜兴人的最爱，现在马兰也可人工种植。

野芹菜

野蔬

野芹菜是宜兴很普遍的一种野菜，其富含多种维生素和无机盐类，其中以钙、磷、铁等含量较高，具有清洁人的血液，降低人的血压和血脂等功效，既是食用又是药用的高档无公害草本蔬菜。

苋菜梗

野蔬

苋菜梗取自苋菜的茎部，苋菜因为生长期短，容易长苔，而且它的苔又长又粗，所以苋菜梗非常普遍。苋菜梗最主要的食用方法是制成臭菜梗，将苋菜梗切小段后浸泡在臭卤水中，浸透后蒸、煮熟即可。臭菜梗虽然有臭味，但吃起来脆、嫩、鲜，是夏季开胃菜，非常爽口。

衍生食材："臭卤水"。

冬季腌菜制出的卤水到了春末夏初，在自然温度、密封环境下，经自然发酵，即成"臭卤水"。

花肚荠 野蔬

学名"蕨菜"，宜兴人称之为"花肚荠"（音），主要生长于浅山区向阳地块。宜兴西渚山区盛产花肚荠。"蕨菜"有着"山菜之王"的美誉，营养价值很高，营养成分是一般栽培蔬菜的几倍至十几倍。蕨菜还能入药，有解毒、清热、润肠、降气、化痰等功效。

绿苴头

野蔬

　　"绿苴头"是宜兴老百姓在夏末，采集了苴麻（据《本草纲目·大麻》称："雄者名麻枲，雌者名苴麻。"）的叶子（这是一种正面碧绿，反面泛白的植物叶子）洗净后在生石灰水中沤成的，捣烂后与米粉和在一起，包了豆沙、芝麻馅后，做成"绿苴头"团子，上笼屉蒸时就会散发出一股特有的、勾人食欲的清香。

野蔬

野 蒜

野蒜又称"薤白"，宜兴人称之为"里蒜"。茎细长，吃起来很香，山坡平地上都有生长。野蒜开白花，结的果实像小葱头一样大。中医学认为野蒜具有温补作用，可健脾开胃，助消化、解油腻，促进食欲。对体弱者而言，野蒜可润中补虚，使人耐寒。另外，野蒜的钙、磷等无机盐含量极高，经常食用有利于强健筋骨，特别对于成长期的儿童和缺钙的老人有良好的营养价值。

香椿头

野蔬

香椿头是香椿树的嫩叶尖，叶厚芽嫩，绿叶红边，犹如玛瑙、翡翠，香味浓郁，营养之丰富远高于其它蔬菜，因此"香椿焖蛋"也成为了宜兴人迎接春天必不可少的一道菜肴。

野蔬

荠菜

　　江南民间历来有荠菜崇拜，百姓认为春天食用荠菜，应时而食，可以驱邪明目，吉祥而健身。所以，江南甚至还有农历三月三为荠菜生日的说法。宜兴人喜欢用荠菜包馄饨，吃起来清香可口，别有一番风味。另外，荠菜有一定药用价值，其性味甘、平，具有凉血止血、清热利尿的功效。

水芹 水蔬

宜兴是江南水乡，水生作物品种丰富，水芹是宜兴主要水作物之一。其味道鲜美，营养价值很高，含有多种微量元素和蛋白质，多吃有降血压、血脂，清热、利尿的功效。

渎上芋头

水蔬

芋头是宜兴的俗称，学名"芋艿"，为宜兴的土特产之一。主要产区在太湖边渎区，是极富营养的食材。芋头口感细软，绵甜香糯，是一种很好的碱性食物，但必须彻底蒸熟或煮熟。八月十五中秋节，宜兴民间不仅有吃月饼赏月的习惯，还有吃糖芋头的习俗，香、甜、糯、腻的别有风味的糖芋头，使人回味无穷，食而不厌。农历腊月初八，宜兴人吃腊八粥，其中必不可少的原料就是芋头。

茭白

水蔬

　　茭白是我国的特产蔬菜，与莼菜、鲈鱼并称为"江南三大名菜"。茭白细糯白嫩，纤维少，口味鲜中带甜，味道鲜美，营养价值较高。同时含有丰富的维生素，具有解酒醉的功用。

　　宜兴地区土质肥沃、水质清甜，种植的茭白品质更优，被视为蔬菜中的佳品，与荤共炒，其味更鲜。宜兴茭白又分为稻茭和麦茭两种。

"宜兴百合"被认定为国家地理标志证明商标

　　宜兴紧靠太湖，气候温和，土地肥沃，所产百合在全国也属上乘，至今已有三四百年的栽培历史。宜兴百合主要生长在太湖西岸的"夜潮地"，百合含有淀粉、蛋白质、钙、磷等营养成分，具有润肺止咳、清脾除湿、补中益气、清心安神的功效，有"太湖之参"的称号。宜兴百合煮熟后略带苦味，但细细品来，则苦味变甜，甜而生津。

旱蔬

宜兴百合

白芹有别于水芹和其他旱芹，其茎基部粗壮、质脆嫩、茎白、叶清香，为芹中佼佼者。以白嫩的茎、叶为食，既可荤炒，又可素拌，是冬春之际餐桌上脍炙人口的时鲜菜，被誉为江南美食佳肴中的一绝。

白芹的茎、叶中富含多种维生素和无机盐，其中以钙、磷、铁的含量较高，具有一定的药用价值，能起到清洁血液、降低血压的功效。

白芹原产地宜兴西乡，早在800年前的南宋时期，宜兴市潘家坝一带就开始栽培，历史悠久。

白芹

旱蔬

早蔬

韭菜

　　韭菜适应性强，抗寒耐热，是一种全国各地常见的蔬菜，但因其丰富的营养成分以及一定的药用价值，深受老百姓的喜爱。宜兴人对韭菜情有独钟，尤其在初春时节，本地韭菜刚刚上市，更是家家食韭，韭菜饼的香味飘散在大街小巷。

雪里蕻

旱蔬

雪里蕻是一种盐渍菜，选用新鲜的芥菜，洗净晒干后，整棵放入缸中，放一层菜撒一层盐，用脚不断踩出汁液，最后压上大石块，经过不断发酵就成了"雪里蕻"。雪里蕻含有大量的抗坏血酸(维生素C)，有醒脑提神、解除疲劳的作用，同时还有解毒消肿、开胃消食、温中利气、明目利膈的功效。

在宜兴还有一种做法就是制作"瓮头菜"。收下来的芥菜洗净晒干后，切碎再晒，然后用适量的盐搓匀，一层一层装入瓮中，逐层压实压紧，泥封发酵即可。经腌制后有一种特殊鲜味和香味，能促进胃、肠消化功能，增进食欲，可用来开胃，帮助消化。

宜兴人称之为"长梗白"，幼嫩时可鲜食，新鲜的长梗白可炒可煨汤；充分成熟后，纤维稍发达，专供加工腌制。宜兴人对腌咸菜情有独钟，因此才能制作出特有的腌菜大缸。先在缸里撒一些盐，把晒好的菜一层层地沿缸放好，放一层菜撒一层盐；然后沿缸踩实，而且说是要赤脚踩的咸菜才香；最后在上面压上大石头，就等着美味产生了。

旱蔬

长梗白

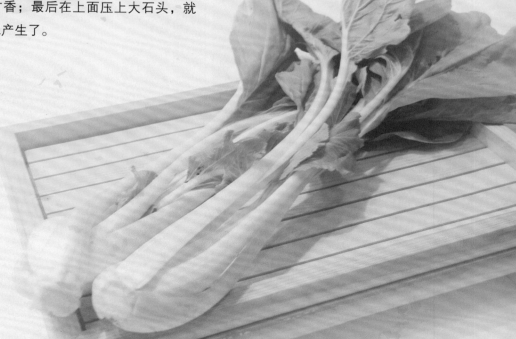

苋菜

旱蔬

宜兴人说的苋菜俗称"蝴蝶苋"，烧至成熟后汤汁鲜红。按民间风俗，立夏当天须食苋菜，可防止疰夏。苋菜富含易被人体吸收的钙质，含有丰富的铁、钙和维生素K，能促进对牙齿和骨骼的生长，还能促进凝血、造血等功能，同时促进排毒，防止便秘。

乌塌菜

早蔬

宜兴乌塌菜叶质柔脆，多汁肥厚，纤维较少，煮食口味软糯，具有鲜美的清香。特别是经过霜冻之后，叶片中的糖分和脂质积聚，其软糯肥美的食用品质才能显现出来。中医认为，塌菜有滑肠、疏肝、利五脏之功效。宜兴人冬令爱吃塌菜，认为"冬菜胜如夏肉"。南宋诗人范成大曾在《冬日田园杂兴十二绝》中赞美塌菜："拨雪挑来塌地菘，味为蜜藕更肥浓。"

旱蔬

蚕豆

　　宜兴盛产青皮蚕豆。蚕豆中含有大量蛋白质、钙、钾、镁、维生素C等，特别是赖氨酸含量丰富。并含有调节大脑和神经组织的重要成分钙、锌、锰、磷脂等。蚕豆皮中的膳食纤维有降低胆固醇、促进肠蠕动的作用。宜兴人认为吃笋燥心，而吃蚕豆子是补心肺，因此正好是吃笋的季节过后蚕豆上市，起到养生互补的作用。

洋溪萝卜

早蔬

宜兴沿太湖地区称为夜潮地，受太湖潮汐的影响，种菜不用浇水，非常适宜萝卜生长，其中以洋溪一带的最为有名，洋溪萝卜由此得名。洋溪萝卜产量高、品质好、水分足，有"赛雪梨"之誉，生吃不亚于水果；熟吃，易烂，味鲜美，是荤菜的最佳配料。同时，萝卜含有很丰富的各种维生素，具有清咽利喉、润肺通气之神效。

咸肉

禽畜

宜兴农家饲养的猪，体型较小，肉汁细腻，肌间脂肪多，是地道的土猪，风味极佳。

宜兴人腌制咸肉在三九天进行，过了三九，一般就不再腌制了。咸肉多选五花肉，擦盐，加少许花椒，淋些高度白酒，入缸腌制，几次翻缸后取出暴晒。宜兴咸肉完全采用自然风干，不熏烤，所以，天气是决定咸肉质量好坏的重要因素。

禽畜

本草鸡

　　宜兴南部多山区丘陵，本草鸡是指放养在山野林间的肉鸡，公鸡冠大而红，性烈好斗，母鸡鸡冠极小。本草鸡肉质鲜美，营养丰富，蛋白质含量比例较高，易被人体吸收，有增强体力、强壮身体的功效。肉、蛋属无公害绿色食品，颇受宜兴本地百姓青睐。

禽畜

竹鸡

　　竹鸡肉厚骨细、味道鲜美，高蛋白、低脂肪，含有人体所需的多种氨基酸和微量元素，以及有益儿童智力发育的牛黄酸，素有"益智之王"之美誉。

　　宜兴南部山区素有"竹的海洋"之称，因此盛产竹鸡。近年来，随着市场需求，竹鸡养殖在宜兴初具规模。

山羊

禽畜

宜兴南部山区自然环境优越，草木丰富，山间水质清冽。宜兴本地山羊主要生活在宜南山区，以散养为主，不添加任何人工饲料，这样饲养出的山羊肉质干香鲜嫩，脂肪含量低，对体虚状有治疗和补益效果，最适宜于冬季食用，故被称为冬令补品，深受人们欢迎。宜兴羊肉已经成为冬季养生特产和馈赠亲友之佳品。

白鱼

湖鲜

　　白鱼是"太湖三白"之一，学名翘嘴红鲌，肉质细嫩，鳞下脂肪多，酷似鲥鱼，是太湖名贵鱼类。白鱼大多在太湖敞水域中生长，以小鱼虾为食，一年四季均可捕获，在六七月生殖产卵期捕捞产量最高。以黄梅季节的白鱼品质为最佳，宜兴人称之为"莳里白"，色莹如银、鲜美冠时。

银鱼

湖鲜

银鱼是"太湖三白"之一，每到初夏季节上市，有长臂银鱼、尖头银鱼和新银鱼等多种，其中以新银鱼产量最高。其特点是：色白、骨软、肉嫩，味道鲜美，营养丰富，是宴会稀珍佳肴。

白虾 湖鲜

　　白虾是"太湖三白"之一，肉质细嫩鲜美，营养价值甚高，含丰富蛋白质，以及钙、鳞、铁等无机盐和维生素A等营养成分，除食用外，还可入药。白虾壳薄、肉嫩、味鲜美，是宜兴百姓最喜爱的水产品之一。白虾剥虾仁出率高，还可加工成虾干，去皮后便是"湖开"。

鳑鲏鱼

湖鲜

　　鳑鲏鱼沿河岸群居而生，故而得名。宜兴是江南水乡，极佳的水质为野生鳑鲏鱼的生长提供了良好的环境。鳑鲏鱼对水质的要求非常高，因此它也是检验水质状况的最鲜活的标志。

　　野生鳑鲏鱼烹制的方法很多，有红烧、清蒸、做汤等，其中最具特色数椒盐鳑鲏鱼，此菜香酥松脆，既美味又补钙，是一道难得的绿色佳肴。

"宜兴大闸蟹" 被认定为国家地理标志证明商标

宜兴大闸蟹

湖鲜

　　"宜兴大闸蟹"又称"河蟹",因其双螯毛密,宜兴人习惯称"毛蟹"。主要生长在水流清澈的涌湖,因为水流较急,所以生长的蟹背壳泛青,腹部洁白,肉质饱满,蟹肉肥、香、鲜,形成了"青背、白肚、金爪、黄毛"的四大特征。宜兴溪蟹具有味道鲜美、脂满膏丰、营养价值高的特点,是公认的"蟹中精品"。溪蟹到深秋为成熟期,蟹黄蟹白最丰满。

　　郭沫若《到宜兴去》一文中写到宜兴秋会三大名菜推涌湖蟹为第一。

宜兴横山水库又称为"云湖",集水面积154平方公里,群山环抱,水质清冽,自然风光优美,水域面积广,水质介于I、II类之间,达到饮用水水质标准。为保护水质,每年要投入大量鲢鱼苗,吞食水中浮游物和水藻,并且不投放任何人工饲料。

水库出产的鲢鱼外形黝黑,俗称"花鲢",在宜兴及周边地区享有盛誉。生长周期达6年以上,重量在8~10斤左右品质最佳,取其鱼头煲汤,肉质鲜美,汤汁如牛奶一样浓白,营养价值极高。

横山
湖鲜 鲢鱼

梅鲚鱼

湖鲜

梅鲚鱼与太湖白虾、太湖银鱼被誉为"太湖三宝"。它体侧扁，尾尖，形似竹刀，银白色，因其尾部分叉，短呈红色，尖细窄长，犹如凤尾，故又称"凤尾鱼"，是太湖名贵的鱼类品种。梅鲚鱼肉嫩味鲜，含有丰富的蛋白质，特别是它的软骨和鱼卵，含有大量的钙质，是补脑和补骨髓的佳品，被视为席上珍品。

湖鲜

痴虎鱼

学名"塘鲤鱼"，宜兴本地人习惯称之为"痴虎鱼"，生长于宜兴湖、荡、汜水域，对水质要求极高，其肉多、少刺且细腻，富含人体必需氨基酸和鲜味氨基酸，有滋补，益筋骨和肠胃，治水气、痔疮等功效。清明前后，菜花金黄，塘鲤鱼体肥籽满，成为长三角地区餐桌上的独特佳肴，与螺肉、河虾、竹笋、春韭共称为江南五大春菜名鲜。

湖鲜

甲鱼

甲鱼有一个雅称，叫"鼋"，宜兴人取其团圆之意，又称甲鱼为"团鱼"，以此为食材做成的叫"圆菜"，甲鱼也成为宜兴人宴席上不可或缺的"吉祥菜"。

宜兴水网密布，盛产甲鱼，但是随着对甲鱼需求的不断增加，还是供不应求，因此甲鱼养殖开始盛行。宜兴甲鱼养殖多采取"半野生"法，所以品质优良。

蚬子

湖鲜

    宜兴的蚬子是河蚬，一种小型贝壳，体型小，蚬子肉只有指甲大小。因为蚬子肉的形状酷似扁豆的花，宜兴人习惯称蚬子肉为"扁豆花"。东、西氿的蚬子肉品质最佳。

    蚬子肉含有蛋白质、多种维生素和钙、磷、铁、硒等营养物质。中医认为蚬子肉可清热、利湿、解毒，治黄疸、湿毒脚气、饮食中毒等，春季食用最为鲜美。

白果
坚果

白果，即银杏。不仅是上好的食用佳品，还具有极佳的保健功能。白果富含淀粉、蛋白质、糖、脂肪等。熟食用以佐膳、煮粥、煲烫或作夏季清凉饮料等。白果入药，有润肺、化痰止咳、通经止泻、去湿利尿等功效，但每次不宜多食。宜兴白果种植面积五万多亩，其中以西太湖沿线孙权母亲亲手栽种的三棵千年古银杏最为出名。

"湖㳇杨梅" 被认定为国家地理标志证明商标

杨梅 水果

杨梅，又名龙睛，是我国特产水果之一，素有"初疑一颗值千金"之美誉。在吴越一带，又有"杨梅赛荔枝"之说。杨梅果实色泽鲜艳，汁液多，甜酸适口，营养价值高。

宜兴种植杨梅万亩，分布于风光秀丽的丘陵山区。每年杨梅盛产时节，宜兴百姓喜欢用杨梅泡酒，作为宜兴美食绝佳搭配。

水果 青梅

　　青梅属绿色水果，含有枸橼酸、单宁酸、酒石酸等多种酸，具有排毒养颜、祛斑祛痘、减肥纤体、降脂降压、清肝明目、解酒排油等功能。

　　宜兴青梅产量丰富，因其口味偏酸，主要用于制酒，宜兴青梅酒口感独特、味香纯正；也可制成果脯，青梅果脯已成为宜兴特色出口产品，远销日本。

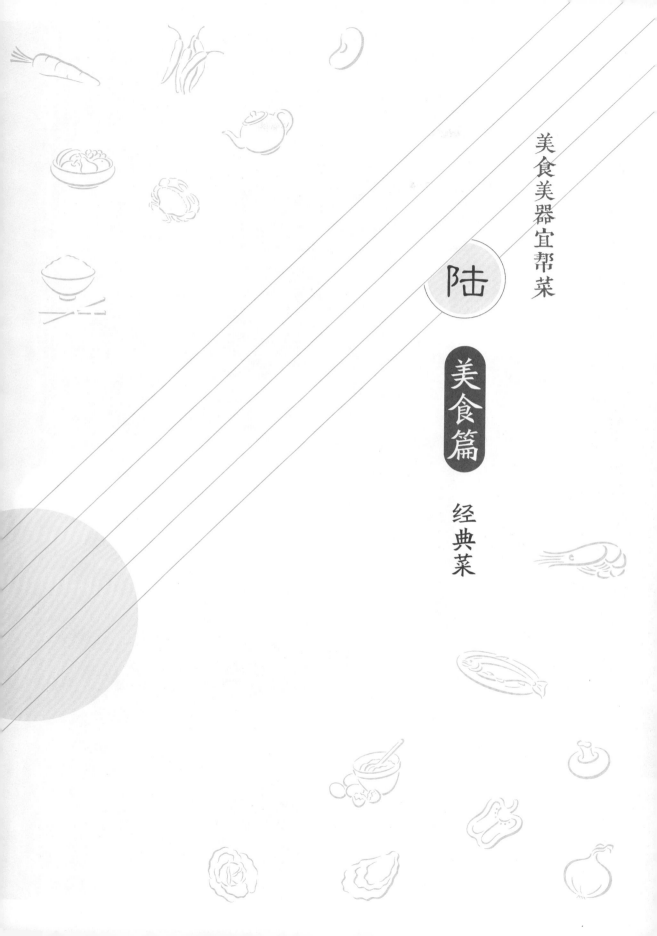

美食美器宜帮菜

陆

美食篇

经典菜

咸肉煨笋

🚢【主辅料】：咸肉、毛笋
🥄【调　料】：葱姜、料酒、盐

制·作·方·法

将毛笋去根去壳下水锅煮熟，斜切成片待用；咸肉切大块焯水后洗净待用；油锅烧热后，下葱姜炒香，加咸肉、水、毛笋、调料大火烧开，小火笃制咸肉酥烂后，将咸肉捞出切成厚片，将笋汤装入盆中，把切成片的咸肉码放在笋上即成。

风·味·特·点

汤色如乳，香气四溢，肥而不腻，鲜嫩脆甜。

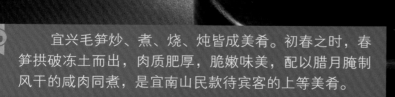

宜兴毛笋炒、煮、烧、炖皆成美肴。初春之时，春笋拱破冻土而出，肉质肥厚，脆嫩味美，配以腊月腌制风干的咸肉同煮，是宜南山民款待宾客的上等美肴。

清蒸白鱼

【主辅料】：太湖白鱼、红椒

【调　料】：食用油、猪油、盐、料酒、味精、葱段、姜丝

制·作·方·法

将白鱼去鳞、去腮、去内脏，用水洗净后两面刻上斜刀口；
用调料、葱姜腌制10分钟左右，装盘上笼蒸熟，拿出后浇葱
油即可。

风·味·特·点

鱼肉洁白，肉质鲜嫩，
色香诱人，葱香味美。

芙蓉银鱼

🔺【主辅料】：银鱼、鸡蛋

🖊【调　料】：食用油、盐、料酒、枸杞、香菜

制·作·方·法

鸡蛋取蛋清，滑油制成芙蓉状；银鱼洗净沥干水分，上浆滑油至熟后，放入蛋清、调味，翻炒均匀，出锅装盘，放枸杞、香菜点缀即可。

风·味·特·点

色泽洁白，香气扑鼻，味鲜软嫩，清新悦目。

盐水太湖白虾

【主辅料】：太湖白虾

【调　料】：盐、料酒、葱、姜

制·作·方·法

锅放火上加入水，放葱、姜、料酒、盐烧开，下入虾煮熟后捞出，码入盘中即可。

风·味·特·点

色泽光亮，自然鲜香，
肉质细嫩，型质饱满。

炙骨

【主辅料】：排骨

【调　料】：食用油、葱、姜、糖、酱油、醋、料酒、盐

制·作·方·法

排骨改刀成小块，洗净待用；油锅烧热后，放入葱姜煸香，放入排骨炒至表面结皮，加入调料，大火烧开，焖至入味后大火收汁，出锅装盘即可。

风·味·特·点

肉质酥香，酸甜适口，
色泽光亮，形态美观。

宜兴人春节、喜庆宴请宾朋时必备的一道佳肴。

宜兴头菜

【主辅料】：油发肉皮、猪肚片、猪肉丸、鱼丸、木耳、小开洋、熟笋片、海参、蹄筋、青大蒜

【调　料】：食用油、盐、料酒、味精、葱段、姜丝

制·作·方·法

将主辅料制熟改刀，肉皮发好洗净切块状待用；锅放火上加猪油、放入主辅料，烧开后调味勾芡，打入明油、青蒜，翻炒均匀，出锅装盘。

风·味·特·点

醇香浓郁，口味清鲜，爽口不腻，色泽丰富。

在宜兴的婚喜宴席及节气请客中，宜兴头菜是必不可少的一道菜肴，此菜一般第一个上桌，故称之为头菜，因其原料丰富，品种较多，喻以全家团聚，也称之为全家福。

汽锅双味

🧂 【主辅料】：猪仔排、农家草鸡

🥄 【调　料】：葱结、姜片、料酒、盐

制·作·方·法

将猪仔排和鸡斩块，焯水洗净，放在紫砂汽锅内，加调料后，加盖上笼旺火蒸至软烂即成。

风·味·特·点

汤清见底，味浓鲜香，
原汁原味，营养丰富。

汽锅双味是中华名菜。汽锅是宜兴特有的紫砂炊具，现已流传到全国各地。这"锅"并不是普通意义上的锅，它外观似钵而有盖，揭盖一看，中央有突起圆腔通底气嘴，汽锅上蒸时，蒸汽由气嘴进入汽锅，高温蒸汽将食物蒸熟。因此汽锅内的汤全为蒸汽和所溶出的肉汁鲜味，这汤可谓是以一当十、鲜美非常。

张公豆腐雁来蕈

【主辅料】：雁来蕈、张公豆腐

【调　料】：菜油、盐、酱油、白糖、料酒、生姜

制·作·方·法

张公豆腐放菜油煎至金黄色待用；将雁来蕈浸泡洗净待用；油锅烧热后，下雁来蕈煸炒，加入调料后用小火熬制，等入味后加入张公豆腐一起烧制后装盘即可。

风·味·特·点

自然色泽，鲜香味浓，
山珍风味，营养均衡。

萝卜煨麻鸭

🏮 【主辅料】：洋溪萝卜、麻鸭

🥄 【调　料】：盐、料酒、葱结、姜片

制·作·方·法

麻鸭洗净后放入冷水中煨，加入料酒、葱结、姜片，置火烧沸，改小火煨制；另将萝卜洗净切块，在鸭至七分熟时放入砂锅中，煨至萝卜酥烂、麻鸭脱骨，取出姜片、葱结，加入调料即可。

风·味·特·点

汤鲜鸭肥，味道醇厚，
鸭烂脱骨，不失其形。

糟扣肉

🛶 【主辅料】：带皮五花肉、菜心、酒糟

🥄 【调　料】：盐、酱油、白糖、葱、姜、蒜

制·作·方·法

将带皮五花肉焯水洗净，切成长约10厘米、宽约1厘米见方的块；取一扣碗，将肉片朝下整齐地排放在碗中，上面摆放酒糟、调料，上笼蒸至酥烂取出，翻扣在盘中用菜心点缀即成。

风·味·特·点

色泽酱红，酥烂入味，
肥而不腻，糟香浓郁。

宜兴狮子头

【主辅料】：猪五花肉、菜心

【调 料】：盐、料酒、葱、姜、胡椒粉、味精

制·作·方·法

将去皮猪五花肉切成颗粒状，加调料后按顺时针方向搅拌上劲；取砂锅注水烧开，将肉馅团成肉圆，入砂锅，小火炖熟，撇去浮油，放入调料，再投入烫好的菜心略炖即可。

风·味·特·点

食有嚼劲，肥而不腻，
汤鲜味美，色泽悦目。

横山鱼头

【主辅料】：横山鲢鱼头、香菜

【调　料】：猪油、料酒、盐、味精、胡椒粉、葱、姜、蒜

制·作·方·法

取鲢鱼头（连带一截鱼肉）洗净去掉鳃牙，在近头背肉上剞两刀，炒锅加猪油旺火烧热后，将鱼头两面煎制后喷入料酒，加足量开水放入葱姜烧沸后转入砂锅，用大火烧至汤汁变奶白色后调味即可。

风·味·特·点

鱼脑滑润，鱼肉肥美，
汤汁醇白，味道鲜浓。

盘龙痴虎

🥘 【主辅料】：痴虎鱼（塘鲤鱼）、鸡蛋、面粉、干生粉

🥄 【调　料】：食用油、料酒、盐、酱油、白糖、陈醋、葱、姜、
　　　　　　水淀粉

制·作·方·法

将痴虎鱼刮鳞，从背部开刀去内脏、腮；清洗干净；在鱼腹部
开孔，将鱼尾穿过腹部小孔制成盘龙状，用葱、姜、料酒炝制
待用；用盆将鸡蛋打散，加面粉和生粉制成蛋糊；锅烧热加入
油烧至八成热，将鱼挂蛋糊逐个入油锅炸制成型捞起，再将鱼
入油锅复炸至金黄色捞起装盘，另起锅将酱油、陈醋、白糖、
盐熬制成糖醋汁勾芡，亮油淋到鱼身上即成。

风·味·特·点

外脆里嫩，酸甜适口，
造型特殊，形似盘龙。

盘龙痴虎是中华名菜。

糖醋鳜鱼

🍲 【主辅料】：野生鳜鱼

🥄 【调　料】：食用油、盐、葱、姜、酱油、料酒、绵白糖、醋

制·作·方·法

将鳜鱼宰杀，洗净，两面剞刀待用；油锅烧热后，加葱姜炒出香味，放入鳜鱼两面煎至微黄，加入调料，文火烧至成熟，加醋改旺火烧至汤汁稠浓，兑味，稍加水淀粉勾芡，颠锅将整条鳜鱼翻身，淋入少许食用油即成。

风·味·特·点

糖醋味浓，色呈酱红，
酸中带甜，肉质鲜嫩。

宜兴滆湖清水蟹

【主辅料】：蟹、嫩姜、香菜

【调　料】：白糖、香醋

制·作·方·法

用毛刷将螃蟹周身刷净，用麻绳将蟹扎紧，上笼蒸熟后解去麻绳装盘，带上蘸料上桌（蘸料：姜末、糖、醋、香菜调匀）即可。

风·味·特·点

鳍白背红，壳薄肉满，蟹膏肥美，蟹黄鲜香。

西风响，霜花白，菊花黄，蟹脚痒。

银杏虾仁

【主辅料】：活大虾、银杏、西芹
【调　料】：熟猪油、鸡蛋清、料酒、盐、生粉

制·作·方·法

银杏用火烤熟去皮待用，将河虾挤成虾仁（挤虾仁时用力均匀不伤及肉质），洗净漂清沥去水，放入碗中加盐、鸡蛋清搅和，再加上生粉上浆（虾仁上浆后要醒发一段时间再下油锅滑炒甚佳）；将锅置旺火上烧热，倒入熟猪油烧至四成热，放入虾仁用铁勺轻轻打散，至色呈乳白时，倒入漏勺沥油，原锅置旺火上倒入虾仁、银杏肉、西芹，加调料，翻炒起锅即成。

风·味·特·点

粒大整齐，清白如玉，
滑嫩香鲜，晶莹剔透。

冷斩羊肉

🥢【主辅料】：带骨羊肉、白萝卜
🥄【调　料】：料酒、姜块、葱结、自制面酱、青蒜丝

制·作·方·法

将羊肉焯水漂净待用，净锅上火放水、羊肉、料酒、姜片、葱结、白萝卜、鲜稻草，将羊肉烧至七成熟焖锅数小时后，捞出晾凉，食用时斩成大块即可，习惯用青蒜丝及蘸自制面酱。

风·味·特·点

羊肉鲜嫩，草木清香，
鲜香诱人，时令佳肴。

宜兴羊肉以冷斩为主，主要以宜兴山羊肉为原料，特别使用木桶烧制，并在桶底放置稻草结，烧制而成的羊肉带有草木清香。立冬到立春期间是吃羊肉的盛行时间。宜兴吃羊肉的地方最著名的有四处：芳庄羊肉、新芳羊肉、杨巷羊肉、扶风羊肉。其中宜兴芳庄羊肉2009年入选宜兴市非物质文化遗产名录，2014年入选无锡市非物质文化遗产名录。

素珍鼎

【主辅料】：雁来蕈、竹荪蛋、小花菇、榆黄菇、鸡枞菌、
乳牛肝菌、老母鸡

【调　料】：盐、料酒、葱、姜

制·作·方·法

将各种菌菇洗净待用；老母鸡洗净后，入汤锅中制好高汤；将
菌菇加入鸡汤调味，上火煲至入味即可。

风·味·特·点

菌鲜汤稠，口感软糯，
营养丰富，造型独特。

美食美器宜帮菜

陆

美食篇

传统菜

【主辅料】：猪肉、笋干

【调　料】：食用油、葱、姜、酱油、料酒、糖、盐

制·作·方·法

将猪肉焯水改刀成块状，笋干泡发后沥水备用；油锅烧热后，放葱、姜煸出香味，放入猪肉煸透，再放入调料和适量的水旺火烧开，放入笋干煮至肉烂，大火收汁出锅即成。

风·味·特·点

色泽红亮，笋干鲜嫩，
肥而不腻，回味无穷。

笋干烧肉

青椒酿肉

🍋 【主辅料】：青椒、肉末

🥄 【调　料】：食用油、耗油、盐、料酒、鸡蛋、淀粉、酱油、糖、姜末

制·作·方·法

肉末加入调料、鸡蛋拌匀；青椒洗净晾干，去掉尾端，挖出青椒籽；将调好的肉末均匀酿入青椒中，将青椒放入油锅中煎至两面结皮，放入调料、清水烧至成熟，捞起装盘即可。

风·味·特·点

绿色清新，脆嫩爽口，
鲜香味美，荤素搭配。

选用农家散养小香猪的五花肉，用宜兴特有的砂锅炖焖而成。

酱方肉

【主辅料】：五花肉、菜心

【调　料】：酱油、盐、糖、料酒、葱、姜、蒜

制·作·方·法

将五花肉改成正方形，加入调料，用砂锅文火炖至酥烂；将肉盛入盘中，加炒熟的菜心点缀即可。

风·味·特·点

色泽酱红，软香入味，
肥而不腻，入口即化。

红烧小肠结

【主辅料】：小肠结

【调　料】：料酒、姜片、葱结、精盐、酱油、白糖、味精、八角、茴香

制·作·方·法

小肠洗净打结后；砂锅放水烧开，将小肠结放入锅中烧沸后撇去浮沫，放调料小火烧制成熟、软烂，捞去葱结出锅装盘即成。

风·味·特·点

色泽红亮，鲜香味醇，
口感微弹，略带甜味。

大骨头汤

【主辅料】：猪筒骨

【调　料】：盐、料酒、葱、姜

[制·作·方·法]

将骨头焯水洗净；砂锅放水烧开，水开后将骨头、调料放入水中煨汤至烂即可。

[风·味·特·点]

汤汁清亮，肉烂骨酥，
汤鲜味美，原汁原味。

制·作·方·法

将老鹅宰杀，剖肚，洗净，剁成块待用；将青红椒洗净，改刀待用；油锅烧热，下姜片、葱段、老鹅块，煸炒至变色后放调料翻炒成酱红色，加水用大火烧开转小火烧至成熟（中途放青红椒）即可。

风·味·特·点

色彩悦目，干香诱人，鹅肉鲜烂，香气扑鼻。

红烧老鹅

【主辅料】：本草鸡、宜兴板栗

【调　料】：食用油、盐、酱油、白糖、味精、葱、姜、蒜、料酒

制·作·方·法

将鸡斩成块后洗净待用；油锅烧热后，放入葱姜、鸡块煸炒，加入调料、板栗，小火烧至成熟后收汁装盘即可。

板栗黄焖鸡

风·味·特·点

色彩夺目，鸡肉鲜嫩，板栗酥烂，香味突出。

吊鸡露

【主辅料】：仔公鸡、红枣

【调　料】：料酒、冰糖

制·作·方·法

红枣洗净，仔公鸡宰杀褪毛，从背部开膛，洗净待用；取一汤碗，将鸡码入碗中，加红枣、冰糖、料酒入笼蒸至酥烂。

风·味·特·点

醇香扑鼻，汤质清纯，
甜而不腻，营养丰富。

在宜兴传统中，家中如有男孩发育，不管家中条件如何，一定会做此菜，据说有强身健体、促进发育的功效。

银鱼羹

【主辅料】：银鱼、黑木耳、笋、火腿、鸡蛋

【调　料】：食用油、盐、高汤、胡椒粉、香菜、葱丝、姜丝

制·作·方·法

黑木耳、笋、火腿分别切丝，锅上火，入高汤、笋丝、火腿丝、银鱼，加调料烧开后撇去浮沫再勾芡，下入蛋清，淋明油出锅装入盘中，撒胡椒粉、香菜即可。

风·味·特·点

汤汁透明，入口润滑，
银鱼鲜嫩，清新脱俗。

红烧划水

🍴【主辅料】：螺蛳青鱼尾

🥄【调　料】：猪油、料酒、酱油、白糖、葱、姜

制·作·方·法

将青鱼尾洗净，顺长4刀5段（尾鳍相连不切开）；将锅置旺火上，加入猪油烧至五成热时投入葱姜，煸出香味后捞出；放入鱼尾煎至两面发黄后加入调料，加盖烧制熟后旺火收汁装盘。

风·味·特·点

色泽酱红，咸中带甜，肉质细腻，形似扇面。

太湖一网鲜

【主辅料】：小杂鱼（昂公鱼、叽郎鱼、叉条鱼、鳑鲏鱼）、虾、螺蛳、毛豆

【调　料】：食用油、盐、料酒、白糖、酱油、姜、蒜、干辣椒、味精

制·作·方·法

油锅烧热后加入毛豆、姜、蒜煸炒，随后将小杂鱼、虾、螺蛳放入油锅中煸炒，加调料烧至熟后收汁装盘即可。

风·味·特·点

层次分明，口味融合，
水乡风味，江南特色。

宜兴民间有顺口溜"正月鳑鲏二月蚬"。初春是鳑鲏鱼最佳的食用季节，配上本地产雪里蕻和刚出土的春笋，味道鲜美非常。

雪菜春笋鳑鲏鱼

【主辅料】：鳑鲏鱼、春笋、雪菜

【调　料】：食用油、盐、白糖、酱油、姜

[制·作·方·法]

将鳑鲏鱼挤去内脏带鳞洗净待用，雪菜洗净后切成小段；油锅烧热后，放入姜片炒香，将鱼煎至金黄色，加入调料、雪菜、春笋片烧熟，撒上葱花装盘。

[风·味·特·点]

鱼肉肥嫩，春笋脆嫩，
雪菜鲜香，太湖鲜珍。

萝卜丝烧叽郎鱼

🚢 【主辅料】：洋溪萝卜、叽郎鱼

🥄 【调　料】：食用油、盐、料酒、味精、白糖、酱油、姜

制·作·方·法

油锅烧热后放入生姜炒香，将鱼煎至两面金黄，
加调料、萝卜丝烧制熟，大火收汁装盘即可。

风·味·特·点

萝卜鲜香，鱼肉软嫩，
农家风味，淳朴家常。

📖 　　叽郎鱼，学名为激浪鱼，在太湖里自然繁衍，因其喜逆水而行，特别是
在产卵期间，且游动的速度非常快，激起朵朵浪花，故以激浪名之。

红烧鲫鱼

【主辅料】：鲫鱼

【调　料】：食用油、盐、料酒、白糖、酱油、姜

制 · 作 · 方 · 法

鲫鱼洗净划刀，放入油锅中煎至两面金黄，加入水、调料烧至成熟，收汁装盘即可。

风 · 味 · 特 · 点

形态完整，色泽红亮，
鱼肉鲜美，汤汁浓稠。

取自宜兴东、西氿特产大鲫鱼。

清蒸鳗鱼

【主辅料】：宜兴野生河鳗

【调　料】：盐、葱、姜、料酒

制·作·方·法

将鳗鱼宰杀洗净后用开水烫去表皮黏液，用刀从鳗鱼背部剞花刀（不能切断），然后将鳗鱼盘在盘中上笼蒸熟即可。

风·味·特·点

造型美观，鱼肉鲜嫩，肥而不腻，营养丰富。

【主辅料】：螺蛳、青红椒

【调　料】：食用油、盐、糖、味精、生抽、蒜

制·作·方·法

螺蛳去尾洗净；油锅烧热后，加姜蒜、干辣椒炒香，倒入螺蛳翻炒，加入调料加盖焖煮至熟，加入青红椒圈即可。

风·味·特·点

嘬一口，卤鲜味浓，
嚼一口，螺肉鲜嫩。

红烧云湖蛳螺

【主辅料】：野生甲鱼、木耳、笋片

【调　料】：食用油、葱白、姜片、蒜片、酱油、糖、盐、味精、水淀粉、胡椒粉

[制·作·方·法]

甲鱼宰杀去黑衣，入水中煮熟去骨拆肉；锅放油加入葱姜蒜煸香，加入甲鱼肉、调料烧至入味后勾芡，装盘撒胡椒粉即可。

[风·味·特·点]

肉质软糯，口味鲜香，制法独特，营养丰富。

红烧圆菜

萝卜丝小鱼冻

【主辅料】：小溪鱼、洋溪萝卜

【调　料】：食用油、盐、酱油、味精、糖、葱、姜、蒜、料酒

制·作·方·法

将小鱼挤出内脏洗净后待用，萝卜切成丝；油锅烧热后，放入小鱼煎至金黄色，放入萝卜丝、调料烧熟，然后取一扣碗将小鱼码在碗底，中间放入萝卜丝，倒入汤汁待冷却结冻后扣入盘中即可。

风·味·特·点

鱼冻透亮，骨酥肉嫩，
融合味浓，时令佳肴。

此菜一般是冬季制作为佳，因为冬季鱼汤更容易结冻。

生炒蝴蝶鳝片

【主辅料】：黄鳝、青椒、红椒

【调　料】：食用油、盐、水淀粉

制·作·方·法

黄鳝腹开去骨去皮去内脏，洗净批蝴蝶片待用；水淀粉兑成浆，鳝背上浆后滑油煸炒，放入调料、青椒、红椒翻炒至熟，装盘即可。

风·味·特·点

造型独特，形似蝴蝶，口感Q弹，嫩滑鲜香。

"小暑黄鳝赛人参"是宜兴民间的一句老话。宜兴人吃黄鳝很讲究，如"生烤鳝背"就很有特色，黄鳝要选用较大一点的，讲究活杀鲜炒，而且特别讲究吃黄鳝的季节，最好用小暑黄鳝，又鲜又补。

生烤鳝背

【主辅料】：黄鳝(中指粗)、洋葱、青椒、红椒

【调　料】：食用油、姜末、糖、醋、麻油、盐

[制·作·方·法]

黄鳝腹开去骨去内脏,洗净批片；用小碗将调料兑成汁待用；油锅烧热后，放入鳝片煸炒至表面起酥，加入调料汁炒至熟装盘即可。

[风·味·特·点]

糖醋味浓，酸甜适口，
入口酥香，原味烹制。

腻蟹糊

🦀 【主辅料】：螃蟹、熟肥膘、油发肉皮、鸡蛋、木耳、熟笋

🥄 【调　料】：熟猪油、姜末、香菜末、酱油、盐、醋、糖、胡椒粉、水淀粉

制·作·方·法

螃蟹煮熟拆肉，肉皮、木耳、熟笋切小粒；锅内放熟肥膘煸炒出油，加入蟹肉煸炒出蟹油，然后加水、肉皮末、木耳末、熟笋末、姜末，再放入调料调味；烧开后勾芡，将鸡蛋打散，慢慢淋入蛋液，加入熟猪油，搅拌均匀后撒入香菜、胡椒粉装盘即成。

风·味·特·点

蟹黄鲜美，甜酸可口，
汤汁稠厚，入口润滑。

香椿煎蛋

【主辅料】：香椿头、鸡蛋

【调　料】：食用油、盐

制·作·方·法

香椿头洗净，放入沸水烫过捞起剁碎；鸡蛋打散，放入香椿碎，少量盐，搅拌均匀；油锅烧热后，将香椿头蛋液倒入锅中，煎至成型，改刀装盘即可。

风·味·特·点

色泽金黄，清香鲜嫩，时令佳肴，风味独特。

【主辅料】：雪菜、竹鞭笋

【调　料】：食用油、盐、味精、白糖

制·作·方·法

将鞭笋去除老头切片，洗净沥干；雪菜梗洗净沥干，切成小段；油锅烧热，下鞭笋片煸炒，再下雪菜梗煸炒后，加调味料烧至笋入味即可。

风·味·特·点

鲜嫩爽口，鞭笋脆爽，雪菜鲜香，家常风味。

上汤小竹笋

【主辅料】：小竹笋

【调　料】：菜油、鸡汤、盐

制·作·方·法

小竹笋剥去外壳后洗净，放入鸡汤中煮熟，捞起后摆放成型，加入鸡汤即可。

风·味·特·点

颜色清新，爽滑鲜嫩，
汤鲜味美，佐饭佳肴。

苋 菜

【主辅料】：红苋菜

【调　料】：食用油、盐、味精、蒜子

制·作·方·法

锅内放油，下蒜子煸香；加入适量水（请注意油温，当心烫伤），加入苋菜翻炒，煮熟，加调料后装盘即可。

风·味·特·点

汤汁绛红，苋菜软嫩。

蒜苗蚕豆

🍴【主辅料】：蒜苗、蚕豆

🥄【调　料】：食用油、盐、味精

🍳 制·作·方·法

蒜苗掰成段，蚕豆剥出备用；油锅烧热后，倒入蚕豆翻炒，炒至蚕豆变色加入蒜苗翻炒，加少量水、调料焖煮至蚕豆酥烂即可出锅。

🍲 风·味·特·点

蚕豆酥烂，蒜苗鲜嫩。

臭腻头是家乡菜，有浓郁的地方特色，此菜中的"臭"是指腌菜卤。前一年腌菜的老卤经过发酵，鲜味增加，微酸，且有股异香。加之卤水中的盐分抑制了杂菌的生长，使用日期越长，香味愈加馥郁。

臭腻头

【主辅料】：面粉、螺蛳肉、臭卤汁、韭菜

【调　料】：姜末、菜籽油、精盐、味精、料酒

制·作·方·法

螺蛳肉洗净，臭卤汁滤净，韭菜叶切粒状，面粉用冷水调成糊待用；油锅烧热，下螺蛳肉、姜末、料酒翻炒片刻，放水、调料烧沸，慢慢倒入面粉糊，边倒边搅，放臭卤汁、韭菜继续搅，沸后起锅。

风·味·特·点

咸鲜味美，异香扑鼻，
韭菜味浓，螺肉Q弹。

拌马兰

【主辅料】：马兰头、和桥豆腐干

【调　料】：盐、酱油、糖、麻油

制 · 作 · 方 · 法

马兰头洗净，焯水然后挤干水分，改刀成粒，和桥豆腐干改刀成粒，盛入盆中，加入调料拌匀装盘即可。

风 · 味 · 特 · 点

绿色自然，鲜嫩爽口，
明目清神，田间美味。

山芋藤

【主辅料】：山芋藤、青红椒

【调　料】：菜油、盐、味精

制·作·方·法

新嫩的山芋藤撕去外皮,摘小断洗净,青红椒半个
切丝待用；油锅烧热,下山芋藤、青红椒丝大火
快炒至断生,加入调料起锅装盘即可。

风·味·特·点

鲜嫩爽口。

南瓜藤

🍶 【主辅料】：南瓜藤

🥄 【调　料】：食用油、盐、蒜子、干辣椒、味精

🍳 ┌ 制·作·方·法 ┐

新鲜的南瓜藤撕去外皮,摘小断洗净；油锅烧热后，放入蒜子爆香，下
南瓜藤翻炒，放入调料、干辣椒翻炒至熟即可。

🍲 ┌ 风·味·特·点 ┐

鲜嫩爽口，天然有机。

　　宜兴一带春节食用的年菜，佐酒、下饭、搭粥均宜，流传千百年，在用料上代代有新意。因其原料都有脆性，咀嚼时发出"呱唧呱唧"的声响而得名。

呱唧菜

【主辅料】：腌长梗白菜、黄豆芽、油豆腐、笋片、木耳、花生米

【调　料】：菜油、盐、味精

制·作·方·法

将腌长梗白菜、笋片洗净切丝；黄豆芽拣净清洗干净，油豆腐切片，花生米煮熟待用；油锅烧热后，各种原料放入锅中翻拌均匀，同时下入调料，烧至入味即可。

风·味·特·点

鲜香爽口，配料多样，
时令佳肴，风味独特。

戳茄子

【主辅料】：本地小红茄

【调　料】：食用油、芝麻油、盐、蒜子、生抽

制·作·方·法

取长茄子洗净开十字花刀，码放平整，入锅蒸
熟，上桌前加入调料拌匀即可。

风·味·特·点

蒜香扑鼻，口感香糯，
汤汁浓郁，色泽诱人。

【主辅料】：横山草鸡

【调　料】：酱油、盐、味精、葱、姜、料酒

制·作·方·法

横山鸡宰杀褪毛去其内脏，洗净待用；锅中清水烧开后，下鸡、调料烧至成熟，出锅晾凉，改刀后装盘，带蘸料上桌即可。

横山竹园鸡

风·味·特·点

香味扑鼻，油光水色，
营养丰富，口感鲜嫩。

三鑫牛肉

三鑫牛肉是百年养牛世家乔氏以祖传老卤慢炖工艺制作而成。

【主辅料】：散养水牛

【调　料】：盐、酱油、老卤汁、八角、桂皮、花椒等

制·作·方·法

水牛现宰后立刻改刀成块状冷却，清洗去血，放入铁锅焯水、调味，最后放入老卤汁、八角、桂皮、花椒等香料进行卤制。

风·味·特·点

口感耐嚼，味道鲜香，余味悠长，唇齿留香。

猪头糕

【主辅料】：咸猪头

【调　料】：盐、料酒、味精、葱段、姜片、香料包

制·作·方·法

将处理干净的咸猪头焯水洗净；放入锅中加调料煮至脱骨，取出去骨拆肉，肉用纱布包裹，用重物压实使其成型凝固；食用时取出改刀即可。

风·味·特·点

腊香味浓，口感咸鲜，
时令佳肴，乡间美味。

高塍猪婆肉

⛵ 【主辅料】：母猪肉

🥄 【调　料】：原汤、桂皮、盐、料酒

🍳 制·作·方·法

原汤加入调料烧滚后，先将宰杀好的母猪头和内脏放入锅内，然后将剁成6块的肉浸去血水，放入锅中；肉上放一蒸架，压上重物，使肉完全浸入汤内，文火烧制（年久的母猪可用旺火）。烧至入味后将肉取出晾干，待汤可蘸手时，将肉收回锅里，压上重物，不盖锅，靠灶内余火慢慢焖熟；第二天趁热拆骨，待凉后即可食用。

🍲 风·味·特·点

色泽红亮，皮砂肉香，
油而不腻，传统名菜。

一百多年前，高塍桃园村陈氏兄弟首创的地方名特产之一。相传当年乾隆皇帝下江南，尝到宜兴的高塍猪婆肉后称其为「佳肉」。现在高塍猪婆肉已借助真空包装行销全国各地。二〇〇七年被列入宜兴市级非物质文化遗产名录。

美食美器宜帮菜

陆

美食篇

创新菜

养生豆腐

【主辅料】：黑豆、菜心、青红椒末
【调　料】：酱油、淀粉、鸡汤

制·作·方·法

黑豆浸泡打磨制成豆腐待用；菜心焯水烫熟；将豆腐和菜心摆盘
后，鸡汤加入酱油，勾芡浇汁即可。

风·味·特·点

手工制作，赏心悦目，
营养丰富，健康养生。

三色蒸太湖白鱼

【主辅料】：太湖白鱼、娃娃菜

【调　料】：食用油、盐、料酒、葱花、黄椒酱、剁椒、酱椒

制·作·方·法

白鱼切块腌制，摆盘，放上黄椒酱、剁椒、酱椒上笼蒸熟，取出后淋上葱花响油即可。

风·味·特·点

白鱼肉嫩，口味鲜辣，椒香味浓，造型美观。

【主辅料】：河虾、雪芽茶

【调　料】：食用油、盐

[制·作·方·法]

将河虾剥壳后经传统工艺上浆待用；虾仁入油锅滑溜后加入雪芽茶翻炒至熟即可。

[风·味·特·点]

茶香清新，虾仁洁白，
鲜嫩滑爽，晶莹剔透。

雪芽手剥河虾仁

【主辅料】：荠菜、太湖银鱼、桃胶
【调　料】：盐、蛋清

翡翠枸杞烩银鱼

制·作·方·法

荠菜焯水后剁碎待用；银鱼烧成羹后，加入剁碎的荠菜搅拌均匀，撒上熟制后的桃胶即可。

风·味·特·点

鲜嫩滑爽，汤鲜味美，色泽亮丽，营养搭配。

瓜盅北山衣

【主辅料】：迷你冬瓜、新鲜地衣、金银花

【调 料】：老母鸡汤

制·作·方·法

冬瓜挖空，制成盅，蒸熟待用；地衣放入老母鸡汤文火煨至入味，放入冬瓜盅内；冬瓜球焯水煮熟，与金银花加入冬瓜盅内。

风·味·特·点

清凉解暑，口感咸鲜，养生佳品，创意独特。

雁来蕈烧麻鸭

【主辅料】：滆湖麻鸭、雁来蕈

【调　料】：食用油、盐、酱油、姜片

制·作·方·法

雁来蕈洗净待用；油锅烧热后，放入姜片、雁来蕈，大火翻炒至熬出酱汁；麻鸭斩块红烧后加入雁来蕈酱，翻炒至入味，出锅装盘点缀即可。

风·味·特·点

鸭肉清香，口感浓郁，
鲜味无穷，造型美观。

汽锅银杏炖鸭

【主辅料】：滆湖麻鸭、宜兴白果、仔排

【调　料】：盐、料酒

[制·作·方·法]

麻鸭、排骨斩块后焯水洗净，装入汽锅中加入宜兴白果、调料，上笼蒸熟即可。

[风·味·特·点]

汤醇味鲜，肉质酥烂，果香清新，营养丰富。

特色酥香肉夹饼

【主辅料】：猪五花肉、自制夹饼、球生菜

【调　料】：食用油、盐、特制酱料

制·作·方·法

五花肉煮熟切长方厚片，炸制出油、酥脆，用特制酱料炒制成熟，配球生菜、夹饼食用。

风·味·特·点

肉质酥香，色泽红亮，搭配合理，口感丰富。

蜜汁乌饭小香猪

【主辅料】：小香猪五花肉、乌米饭、西兰花

【调 料】：盐、酱油、料酒、冰糖、蜂蜜

制·作·方·法

小香猪改刀后烧制入味；乌米饭蒸熟后加入肉汤和少许蜂蜜拌匀；将乌米和猪肉扣入盘中后放入西兰花点缀即可。

风·味·特·点

清香爽糯，口感香甜，
层次分明，入口即化。

板栗酒焖肉

🍶 【主辅料】：五花肉、板栗

🥄 【调 料】：料酒、冰糖

制·作·方·法

五花肉切成小块，加料酒、冰糖、板栗小火焖熟，大火收汁即可。

风·味·特·点

板栗松酥，酒香浓郁，肥而不腻，口感融合。

竹海笋衣千层肉

【主辅料】：猪五花肉、笋衣干

【调　料】：盐、酱油、料酒、水淀粉

制·作·方·法

笋衣干温水泡发，挤干水分用肉汤卤制待用；五花肉红烧成熟定型切薄片，制成冬笋状，再将笋衣干纳入笋肉腹中蒸至肉酥烂，勾芡浇汁装盘。

风·味·特·点

鲜香入味，回味悠长，
造型逼真，形似竹笋。

云湖素烧鹅

【主辅料】：宜兴豆腐皮、金针菇、笋干、鸡蛋

【调　料】：食用油、盐、料酒

制·作·方·法

豆腐皮泡入秘制酱料中，泡开后包好金针菇、笋干，卷成长方形，放入蒸箱中蒸熟；取出后，放入油锅中炸制金黄即可。

风·味·特·点

色泽鲜亮，香脆可口，素菜荤做，营养丰富。

双味香椿头

【主辅料】：香椿头、草鸡蛋
【调　料】：食用油、盐、椒盐、脆炸粉

制·作·方·法

取一半香椿头挂脆炸糊入油锅炸后撒上椒盐装
盘；另一半香椿头焯水后斩碎，然后加入鸡蛋、
入锅煎熟，起锅改刀后装盘即可。

风·味·特·点

一菜两吃，搭配丰富，
制作新颖，造型逼真。

太极羹

【主辅料】：地瓜叶、鸡胸肉

【调　料】：盐、料酒、蛋清

制·作·方·法

将鸡胸肉和地瓜叶制熟后，分别加入调料、蛋清打碎成羹状；将鸡茸羹和地瓜叶羹均匀倒入S形模具两边，成型即可。

风·味·特·点

色泽饱满，口感鲜美，清热解毒，健康养生。

脆皮豆腐拼香椿

🍋 【主辅料】：新庄嫩豆腐、香椿

🥄 【调　料】：食用油、盐、脆炸粉

制·作·方·法

新庄嫩豆腐切方块，拍脆炸粉炸制；香椿码味，
挂脆皮糊炸制。

风·味·特·点

香脆可口，造型美观，
创意独特，营养丰富。

蜜汁山芋拼百合

⚓ 【主辅料】：张渚黄心山芋、洋溪百合

🥄 【调　料】：食用油、盐、冰糖

制·作·方·法

百合改刀十字形，炸制而成，咸鲜味炒制；
山芋修成橄榄形，用冰糖水焗制而成。

风·味·特·点

山芋甜糯，百合酥香，
一菜二味，造型独特。

美食美器宜帮菜

陆

美食篇

宜兴名点

蒲包乌饭

【主辅料】：自制乌饭、瓜子仁、枸杞

【调　料】：白糖

制·作·方·法

乌饭放入蒲包后蒸热，用瓜子仁枸杞点缀，带上白糖即可。

风·味·特·点

蒲草清新，唇齿留香。

宜兴乌饭被评为中华名点。

每年农历四月初八，宜兴人家家"吃乌饭"。据宜兴民间传说，这一习俗是为了纪念"目莲救母"的孝行。在中国民间，"目莲救母"的故事成为戏曲演出的重要题材，被称作为"目莲戏"。据南宋《东京梦华录》载：北宋已有"目莲救母"杂剧演出，其故事源出佛经《佛说盂兰盆经》。目莲初曾出家学道，后为佛弟子，有"神通第一"之称。故事写目莲的母亲因在世时贪念世报，不敬神明，被打入地狱，备受折磨。目莲遍游地狱寻母，终于重逢，同升仙界，着重宣扬因果报应的思想。

太极乌饭

【主辅料】：乌饭、糯米饭

【调 料】：白糖

制·作·方·法

乌饭、糯米饭蒸热后放入竹制模具中，拼成太极图形。

风·味·特·点

口感软糯，造型独特，形似太极，寓意深远。

　　1924年，郭沫若先生在宜兴大街上吃过"鸭饺面"，大为称赞。宜兴水乡，有一种小麻鸭，肉质鲜嫩，以此鸭烹制后作为面浇头，原汤原汁，滋味鲜美。用小供碗盛着，搭面吃，是宜兴人独有的吃法，一口面、一口汤，鸭肉酥又香。

鸭饺面

【主辅料】：面条、麻鸭

【调　料】：高汤、味精、盐、酱油

制·作·方·法

将加工洗净的麻鸭焯水后，斩成八至十块，调味后放入砂锅中炖至酥烂，装入各客碗中，上桌时蒸热；面条下沸水锅煮熟，捞入碗中(碗中加高汤、酱油、味精、盐)，上加鸭块即成。

风·味·特·点

面条细滑，味道鲜美，
鸭肉酥香，汤汁浓郁。

桂花糖芋头

【主辅料】：芋艿、桂花

【调　料】：红糖、食用碱

制·作·方·法

芋艿去皮剥净，入锅加入水和食用碱一起煮，起锅后放凉待其表面变红后，用清水冲净碱味，再入锅烧至酥烂，加红糖、桂花即成。

风·味·特·点

软糯香甜，桂花清香。

特选宜兴溇区芋头。糖芋头烧制前，把芋头放进蛇皮袋里，朝地上掼会儿或放在桶里用棒头舂，把芋头的皮毛舂干净，切忌用手指剥芋头皮，否则手指会过敏红肿，奇痒难受。

宜兴甜锅饭

【主辅料】：糯米、白糖、五彩果脯、红枣、瓜子仁、熟猪油

制·作·方·法

糯米用清水浸泡，捞出放入铺好纱布的蒸笼，上火蒸熟待用，红枣用清水泡软，瓜子仁炒熟待用；清水至沸时，放入蒸好的糯米饭，直至沸时加白糖、五彩果脯、红枣、瓜子仁、猪油，除去浮沫即成。

风·味·特·点

香甜可口，肥糯滑爽。

绿苴头团子

【主辅料】：绿苴头、糯米粉、粳米粉、板油花生馅（或其它馅料）

制·作·方·法

把糯米粉和粳米粉和在一起，用开水烫后揉成粉团，加入绿苴头揉匀，包入馅料后，上笼蒸熟即可。

风·味·特·点

色泽翠绿，软糯适口，
光滑油亮，香甜可口。

【主辅料】：百合、栗子

【调　料】：冰糖、水淀粉

制·作·方·法

百合、栗子放入清水，洗净，剪去百合的蒂，掰成瓣；锅中加入清水、百合、栗子煮沸，改小火继续煮，加入冰糖至溶化，勾芡即可。

风·味·特·点

清新透亮，香甜可口，
安神润肺，营养丰富。

百合栗子羹

重阳糕

⚓ 【主辅料】：熟糯米粉、熟粳米粉、芝麻仁、瓜子仁、松子仁、花生仁、
五彩果脯、糖冬瓜

🥄 【调　料】：绵白糖

制·作·方·法

将米粉加入绵白糖与水拌和，在模具中先撒入一层拌和的粉，
再撒上各种果料、再撒上粉，表面刮平，将模具中的胚子扣在
不锈钢板上，上笼蒸熟即可。

风·味·特·点

香甜软糯，果香扑鼻。

咸肉菜饭

🥣 【主辅料】：大米、咸肉、塌菜

🥄 【调　料】：盐、味精

制·作·方·法

咸肉切片洗净，上炒锅炒香备用；塌菜洗净后改刀，上炒锅炒至断生；饭锅内加入洗净的大米，与炒香的咸肉一起烹制，待饭锅内水沸烧开加入塌菜，小火焖至饭熟即可。

风·味·特·点

肥糯可口，香气扑鼻。

里蒜饼

 【主辅料】：面粉、鸡蛋、野蒜

【调　料】：盐、味精

制·作·方·法

把面粉、鸡蛋加清水拌成面糊，再加入野蒜和调料拌匀，浇在平底锅内，煎成薄饼即可。

风·味·特·点

色泽金黄，里蒜清香，
口感绵软，乡村风味。

菜粥

【主辅料】：大米、大骨头、花生米、萝卜、芋头、油豆腐、发芽蚕豆、萝卜菜

【调　料】：盐、味精

制·作·方·法

萝卜、芋头切滚刀块待用；其他食材用水洗净备用；将大骨头、花生米放入砂锅内，加足量水，烧开后改文煮；然后加入大米、萝卜、芋头、油豆腐、发芽蚕豆，熬至米粒开花，加入萝卜菜、调料即可。

风·味·特·点

糯香鲜美，食材丰富，营养搭配，健康养生。

每到腊月初八，全国各地便有吃"腊八粥"的习俗，因烹饪手法各异，寓意也有所区别，不过大抵都有驱邪避灾、祈求美好生活之意。其中，腊八粥花色齐全的还是要数江南。宜兴吃腊八粥的习俗也是由来已久，只是粥里的内容随着时代变迁几经变化，时至今日更是形成了独具宜兴地方特色的"菜粥"文化。

春卷

【**主辅料**】：春卷皮、荠菜肉馅（或豆沙馅等）

制·作·方·法

将馅料包入春卷中，油锅烧热后，放入包好的春卷炸至金黄色即可。

风·味·特·点

色泽金黄，外脆里嫩，
馅肉饱满，咸甜适口。

春卷是宜兴人春节餐桌上必上的一道点心，以荠菜肉馅和豆沙馅为主。

麻 糊

【主辅料】：籼米粉、香菜、大蒜

【调　料】：盐、酱油、白糖、味精

制·作·方·法

籼米粉用清水调成糊，锅内洗净烧适量水，待水烧开后将米糊倒入锅中，用木棍不停搅拌，成熟后将麻糊装入盆中冷却成型；改刀成块，下锅煎至表面结皮，加调料，麻糊烧开后撒入香菜装盘即可。

风·味·特·点

麻糊香糯，色泽通亮，地方风味，口感独特。

宜兴小笼包

【主辅料】：肉皮、前颈肉、发酵面皮

【调　料】：盐、糖、料酒、酱油、葱末、姜末

[制·作·方·法]

前颈肉剁碎后，肉皮熬成皮冻，加入调料拌匀制成馅；用发酵面皮包好馅料，捏成雀笼形，上笼蒸熟即可。

[风·味·特·点]

皮薄馅香，汁多味美。

【主辅料】：笋丁、五花肉丁、螺蛳肉、面粉

【调　料】：盐、料酒

制·作·方·法

将笋、五花肉切成丁，加入螺蛳肉，入锅加料煸炒成馅待用；将馅料包入发面后发酵上笼蒸熟即可。

风·味·特·点

形态饱满，皮质松软，馅心鲜美，味浓爽口。

特色阳羡螺肉包

飘香板栗酥

【主辅料】：面粉、鸡蛋、板栗

【调　料】：猪油、黄油、白砂糖

[制·作·方·法]

面粉加糖、鸡蛋、猪油、黄油揉匀作酥皮；板栗切碎加糖揉匀作馅心；酥皮包馅心，包圆后涂蛋液、粘黑芝麻烤熟即可。

[风·味·特·点]

表皮酥脆，馅心香甜，
色泽金黄，香气扑鼻。

板栗莲藕酥

【主辅料】：宜兴板栗、面粉

【调　料】：猪油、黄油、白糖

制·作·方·法

将鲜板栗去壳磨成粉制成馅，将面粉、猪油、黄油制成酥皮，包入馅制成莲藕状入六成热油锅中炸至金黄即可。

风·味·特·点

口感香甜，入口酥脆，
层次分明，造型逼真。

冰糖雪梨炖桃胶

【主辅料】：雪梨、桃胶

【调　料】：冰糖

制·作·方·法

雪梨掏空，纳入桃胶，加冰糖水炖制。

风·味·特·点

香甜可口，清喉清肺。

银杏百合糖水

【主辅料】：椰汁、银杏、百合、西米

【调　料】：牛奶、白糖

制·作·方·法

银杏、百合煮熟待用；西米泡开煮熟待用；椰浆、牛奶加糖烧开后，将银杏、百合、西米加进去即可。

风·味·特·点

口味香甜，爽口清润。

绿豆百合

【主辅料】：绿豆、百合、冰糖

制·作·方·法

绿豆洗净后放入冷水中煮开，加入冰糖后小火炖至绿豆酥烂，放凉待用；百合洗净瓣成瓣，焯水煮熟，放入绿豆水中即可。

风·味·特·点

香甜爽口，清凉解暑。

官林荤油糕

🥢 【主辅料】：板油、糯米、桂花、绵白糖

制·作·方·法

先把糯米炒熟，并打成粉；加入板油、绵白糖调和成细料；按比例取部分细料和桂花搅拌均匀，进入模具成型，放入开水中蒸焖至熟后倒出冷却，最后切片即可。

风·味·特·点

香甜酥爽，润口无渣。

👨‍🍳 　　江南名点、宜兴传统名特产——官林荤油糕。相传为南宋抗金民族英雄岳飞驻军官林时为将士们制作过年糕点，名为"军油糕"，官林荤油糕由此而来。荤油糕以优质糯米、精练油脂、蔗糖、新鲜桂花为主要原料，以传统的制作工艺精制而成。具有薄而透明、甜而不腻、天然清香、口味纯正等特点。2011年被列入宜兴市级非物质文化遗产名录。

杨巷葱油饼

【主辅料】：精炼油、小麦粉、糖、葱、盐

制·作·方·法

将面粉倒入水中，揉匀上劲做酥皮；将精炼油、葱、糖、盐搅拌均匀做馅心；将酥皮包裹馅心，放入烤箱中烤熟即可。

风·味·特·点

甜咸恰当，葱香味美，皮脆馅爽，口感松酥。

杨巷葱油饼又称"杨巷小月饼"，是江南传统名点。特选上等面粉、猪板油、香葱焙烤而成。它甜咸适中，油分不重，葱质浓香，酥软爽口，不沾牙，风味别具一格。其中最负盛名的有杨巷金龙葱油饼、夏氏葱油月饼等，杨巷金龙葱油饼始于清咸丰年间，距今已有近160年的历史；夏氏葱油月饼承自"顺昌祥"糕饼店，2003年成功申报无锡市名牌产品。2009年被列入宜兴市级非物质文化遗产名录。

徐舍小酥糖

⛴ **【主辅料】**：芝麻、绵白糖、面粉

🥢 ┌ 制·作·方·法 ┐

将糯米浸洗蒸熟后榨成汁水，加麦芽糖饴熬制成浆，凝成块，做成"骨子"；再将芝麻淘洗、沥干、舂碎，然后加入白糖和蒸炒过的干面粉，经过细筛，精制而成。

🍵 ┌ 风·味·特·点 ┐

香酥可口，满口喷香，
甜而不腻，入口即化。

👨‍🍳 　徐舍小酥糖是宜兴名点。相传清同治年间，徐舍裕和泰南货店生产的小酥糖，以其入口香、甜、酥、脆而声誉远播，传入皇宫后皇帝十分喜爱，同治三年被列为贡品，于是蜚声全国。徐舍小酥糖用精细白糖、剥壳芝麻、特制饴浆、上等面粉等原料，经过焙炒、打屑、扳酥等十多道工序，精工配制而成。1986年成为全国土特产名优产品，2007年被列入宜兴市级非物质文化遗产名录。

卡夫亨氏调味品助力2015亚洲厨神挑战赛

宜兴首次成功举办
美食美器大赛暨亚洲国际厨神挑战赛

FM96.1《天下任我行》——专访国家级高级烹饪大师焦明耀

2014 中国宜兴"素博会"落幕

无锡市旅游局

宜兴首次成功举办宜帮菜美食美器大赛暨亚洲国际厨神挑战赛

四月到宜兴 陶都体验最美景

一座城市的味道，一座城市的素养

——记第九期中国创意菜（宜兴）厨艺大课堂
暨美食美器宜帮菜研讨交流会

后记

在大放异彩的中国各地风味体系中，江南美食的风味个性令世人沉醉。而颇具江南美食特色的宜兴地方风味流派——宜帮菜，与宜兴紫砂陶器共同演绎着"一把壶一座城一道菜"的陶都生活传说。宜兴地处长三角的中心位置，太湖之源物产丰富，人文汇聚名家辈出，当地人民安居乐业。宜兴人崇尚健康生活，美食养生和饮食文化一直是宜兴人的生活追求，更是时代潮流和饮食趋势。

当下美食离不开美器，2016杭州G20领导人峰会展现的江南美食，美器作用举足轻重，尽现中国文化元素，美食美器让世界各国领导人及国内外嘉宾都刮目相看！在全国各地，用宜兴紫砂作盛器的美食名菜如"罐焖牛肉""汽锅鸡""砂锅鱼头""东坡肉"等也是不胜枚举。人民大会堂及钓鱼台国宾馆的国宴美食，乃至各地方各酒店的餐桌上都能留下宜兴紫砂器皿的靓影。在2015"紫玉金砂杯"宜帮菜美食美器大赛暨亚洲国际厨神挑战赛现场呈现的"金秋紫砂宴"别具一格，所用宜兴紫砂精心制作的各种时蔬水果造型可谓气韵生动、形象传神，让国内外参赛者和参观者争相订购，去装饰自己的幸福美好生活。

宜帮菜顺应"天时""地利""人和"，宜兴市旅游园林管理局领导大力推广地方全域旅游经济，传承和弘扬地方特色美食，"以味兴帮""以菜兴游"的地方旅游发展策略，大大地带动地方经济发展和人们生活品位提高。自2014中国陶都（宜兴）金秋经贸洽谈会上宜帮菜文化研讨会成立伊始，宜兴市旅游园林管理局多次邀请国内外文史专家及顶级烹饪大师研讨，从理论入手不断总结探寻宜帮菜之渊源。从2014宜兴宜帮菜美食大赛的成功举办，到2015"紫玉金砂杯"宜帮菜美食美器大赛暨亚洲国际厨神挑战赛的隆重举行，通过宜帮菜烹饪技艺交流实践，推动了宜帮菜的市场发展，验证了宜帮菜的美好发展前景和宜帮菜餐饮市场的广阔。在宜兴市旅游园林管理局的引导和推动下，经过多次专家研讨和国宴大师的指导，《美食美器宜帮菜》的编撰工作终于告成。2016年8月，宜兴宜帮菜烹制技艺被批准为新一批宜兴市非物质文化遗产保护项目，实乃可喜可贺。

《美食美器宜帮菜》一书于2016年10月由中国商业出版社出版并在全国各地新华书店发行，在此特别感谢国内外所有的宜兴历次宜帮菜主题文化活动的参与者和见证者。宜兴市人民政府张立军市长及尹志华副市长对历次宜帮菜交流活动都给予了大力支持，宜兴市旅游园林管理局王忠东局长及纪委书记朱丽群女士对本书从编撰到交稿都付出了辛勤劳动，这是《美食美器宜帮菜》能顺利编撰出版的重要前提；扬州大学旅游烹饪学院马健鹰教授对《美食美器宜帮菜》一书后期编写工作的指导修正，并整理创作了十余篇宜帮菜的历史典故和相配诗词，增添了此书历史趣味性和传承可读性；中国食文化研究会资深副会长、"国宴大师"、人民大会堂原培训部主任周继祥先生不辞辛苦，多次光临宜兴，现场指导；中国顶级烹饪大师李耀云、鲍兴、焦明耀对宜帮菜给予了很多的厚爱与支持；国家一级美术师、李可染画院苏州分院执行院长、中央美院姚鸣京山水工作室助教王驾林先生亲自为本书《掌故篇》绘制插画；宜兴松楼工作室对菜品认真拍摄和对本书精心设计、编排，北京亚东传媒和《宜兴菜典》《寻香记》也为本书拍摄和提供了部分照片。所有这些努力，都使得美食美器宜帮菜魅力永恒，精彩永驻。

　　我们深信，《美食美器宜帮菜》的问世，必将激发起人们对宜帮菜的热爱之情，从而促进宜帮菜的健康发展；必将引导人们不断追逐宜帮菜的文化渊源，不断探索宜帮菜健康养生的科学之路。

　　当《美食美器宜帮菜》向我们徐徐展现着宜帮菜的魅力时，让我们热烈拥抱宜帮菜的春天吧！

朱永松

2016年9月13日

（作者系"世纪儒厨"，中国药膳大师，国家一级评委。国资委商业饮食服务业发展中心专家委员，中国食文化研究会餐饮文化委员会执行会长，中国药膳研究会烹饪制作委员会副秘书长，中国饭店协会青年名厨委常务副主席兼秘书长。）

特别鸣谢单位

（排名不分先后）

中国食文化研究会

中国药膳研究会

宜兴市陶瓷行业协会

宜兴市陶都经济联合会

宜兴食文化研究会

宜兴市烹饪学会

江南名厨专业委员会

宜兴日报社

宜兴市禄漪园国际大酒店

宜兴市紫砂宾馆

宜兴丁山国际大酒店有限公司

宜兴花园豪生大酒店

宜兴氿悦沐心香村酒店有限公司

宜兴市横山鱼头馆

宜兴市宜能实业有限公司静乐宾馆分公司

宜兴市新贝斯特大酒店

宜兴盛世桃园酒店

宜兴市陶都大饭店

宜兴国际饭店

宜兴市篱笆园农庄

江苏陶都陶瓷城有限公司

江苏省宜兴彩陶工艺厂

宜兴碧云青瓷有限公司

江苏省陶瓷研究所有限公司

宜兴市丁蜀镇葛记陶庄